GRÄSER
IM GARTEN

GRÄSER IM GARTEN

NANCY J. ONDRA

MIT FOTOGRAFIEN VON SAXON HOLT

CALLWEY

Umschlag Vorderseite:
Chinaschilf *Miscanthus sinensis*
'Morning Light'
Umschlag Rückseite (von links nach rechts):
Purpurviolettes Federborstengras
Pennisetum setaceum 'Rubrum',
Riesensegge *(Carex pendula)*,
Herzzittergras *(Briza media)*

Seite 2: Riesengroßes Halfagras
(Stipa gigantea) und Natalgras
(Rhynchelytrum nerviglume)

Seite 5: Riesengroßes Halfagras
(Stipa gigantea)

Seite 6 (von links nach rechts):
Purpurviolettes Federborstengras
Pennisetum setaceum 'Rubrum',
Riesensegge *(Carex pendula)*,
Herzzittergras *(Briza media)*

Seite 7: Riesengroßes Halfagras
(Stipa gigantea)

Die Originalausgabe erschien 2002
unter dem Titel „Grasses – Versatile Partners
for Uncommon Garden Design“
im Verlag Storey Publishing, LLC
210 MASS MoCA Way,
USA-North Adams, MA 01247.

Streitfeldstraße 35, 81673 München
www.callwey.de
E-mail: buch@callwey.de

Übersetzung aus dem amerikanischen Englisch
von Claudia Arlinghaus, Münster

Die Deutsche Bibliothek verzeichnet diese Publikation in der Deutschen Nationalbibliografie; detaillierte bibliografische Daten sind im Internet über http://dnb.ddb.de abrufbar.

ISBN 3-7667-1549-6

Lektorat: Gwen W. Steege, Marie A. Salter,
Andrea Hölzl (deutsche Ausgabe)
Artdirektion und Layout: Cindy McFarland und
Wendy Patitz, nach einem Entwurf von Josh Chen,
Chen Design
Satz: Erin Lincourt
Register: Susan Olason und Claudia Arlinghaus
Illustrationen: Bobbi Angell (S. 11, 12, 14, 15)
und Elayne Sears (S. 24, 26, 28, 29);
Zeichnungen der Pflanzpläne von Alison Kolesar
Umschlaggestaltung: Callwey Verlag, unter Verwendung von Abbildungen der Seiten 6/7 und 20
Satz der deutschen Ausgabe: Edith Mocker
Printed 2003 in The Federal Republic of China
by C & C Offset Printing Co. Ltd.

Für Mom und Dad, Gwennie, Princess, Ouija und Onkel Lucky — danke, dass es Euch gibt!

INHALT

VERWANDLUNGSKÜNSTLER

Oben: Ein derart sprühendes Terzett aus goldgrüner Bowles' Steifsegge *(Carex elata* 'Aurea'), *Hosta* 'Janet' und kirschrosa blühender Astilbe bringt jeden Garten zum Leuchten.

Gegenüber: Diesen Durchgang bewacht das Chinaschilf *Miscanthus sinensis* var. *condensatus* 'Cosmopolitan', hervorragend kombiniert mit Kletterrosen 'Complicata' und anderen Rankern.

Was gäbe man nicht für eine Pflanze, deren Schönheit sich nicht auf ansehnliches Laub und reizvolle Blüten allein beschränkt? Die vielmehr jedes Jahr aufs Neue in Ihrem Garten mit unübersehbarer Herbstfärbung und prächtigen Samenständen monatelang für gutes Aussehen sorgt? Diese ideale Gartenpflanze können Sie in der faszinierenden Welt der Ziergräser entdecken. Es gibt sie in allen Größen, vom pelzigen Bodendecker bis zum strauchgroßen Busch, und in vielerlei Form, vom aufrechten Halmbusch über wuschelige Kissen bis zur aufspringenden Fontäne. Problemlos akzeptieren sie die gleichen Bedingungen, unter denen sich die Mehrzahl der Gartenpflanzen prächtig entwickelt; nur selten muss bei Pflanzung oder Pflege besonderer Aufwand getrieben werden. Auf subtile Weise erwecken Gräser mit fließender Bewegung und sanft wispernden Geräuschen den Garten zum Leben, wie es keiner anderen Pflanze gelingt.

Vielleicht kennen Sie die Einwände mancher Gartenbesitzer, Gräser wirkten „krautig", überwucherten den Garten und seien insgesamt recht uninteressant. Diese Bedenken bewahrheiten sich jedoch ganz und gar nicht. Betrachtet man ein wogendes goldenes Hakone-Gras *(Hakonechloa macra* 'Aureola') oder dramatische Chinaschilf-Fontänen *(Miscanthus sinensis)*, so liegt nichts ferner als der Vergleich mit Unkraut. Genau wie etliche beliebte Stauden wuchern auch manche Gräser, das lässt sich nicht leugnen, doch ihre Schönheit lässt sich wohl genießen, wenn man ihrem Ausbreitungsdrang auf geeignete Weise Grenzen setzt.

Die schönsten Eigenschaften der Gräser kommen in Kombination mit anderen Gartenpflanzen zum Zuge, was sie für das Gartendesign so wertvoll macht. Lassen Sie sich durch die Vorschläge und Bilder im Buch inspirieren, diese auf ganz eigene Art reizvollen Pflanzen optimal zu nutzen.

Was ist ein Gras?

Um Gräser zu ziehen und sich an ihnen zu erfreuen, ist kein Studium der Botanik notwendig. Ein kleiner Überblick über die Begriffe, die den Aufbau dieser Pflanzen beschreiben – Blütenstand, Pflanzenform, Wuchsverhalten –, kann jedoch recht hilfreich sein, um die Pflanzenbeschreibungen zu verstehen und Gräser für den eigenen Garten mit Bedacht auszuwählen.

Nicht alle Pflanzen, die wir als Ziergräser bezeichnen, sind tatsachlich „Graser". Gras gehört zur Pflanzenfamilie der Süßgräser, *Poaceae* (auch als *Gramineae* bezeichnet); hierzu zählen Rasengräser, Getreidearten, auffälligere, als Zierpflanzen gezogene Grasarten sowie Bambus. Der Begriff „Gras" jedoch hat sich als Bezeichnung für eine ganze Reihe von Pflanzen eingebürgert, die sich sämtlich durch schmale bis riemenförmige Blätter auszeichnen. Zu dieser Gruppe zählen nicht nur die Süßgräser, sondern ebenso die zu den Sauergräsern gerechneten Seggen, Binsen und Schilfrohr. Auch manche Stauden werden hauptsächlich ihrer grasartigen Blätter wegen gezogen, darunter die Lilientraube *(Liriope)*, der Rasen bildende Schlangenbart *(Ophiopogon)* und Neuseeländer Flachs *(Phormium* spp.).

Ein alter englischer Gartenreim kann hilfreich sein, all diese Gewächse auseinanderzuhalten: „Seggen sind eckig, Binsen sind rund; Gräser sind hohl und rascheln im Bund". Etwas wissenschaftlicher sind die Illustrationen rechterhand; vergleichen Sie einmal die deutlich unterschiedlich aufgebauten Blütenstände.

Gestreiftes Gartensandrohr *Calamagrostis* x *acutiflora* 'Overdam' stellt in dieser Staudenrabatte die Verbindung zwischen Pfingstrosen und Wasserdost her.

Seggen sind eckig . . .

Poa spp.

Typha spp.

Juncus spp.

Carex crinita

Scirpus atrovirens

Echte Gräser bilden die Familie der Süßgräser *(Poaceae*, auch als *Gramineae* bezeichnet). Alle haben schmale Blätter mit langen, gerade und parallel zu den Blatträndern verlaufenden Blattadern. Bis auf die verdickten Knoten sind ihre runden Stängel hohl.

Schilfrohr ist eine Wasser- oder Wasserrandpflanze aus der Familie der Rohrkolbengewächse *(Typhaceae)*. Charakteristisch sind flache, schmale, irisartig linealische Blätter und auffällige samtbraune, zigarrenförmige Blütenstände. Die Stängel sind massiv.

Binsen sind grasähnliche Pflanzen aus der Familie der Binsengewächse *(Juncaceae)*. Binsenstängel sind im Allgemeinen rund, wie die der Süßgräser, doch sind sie meist nicht hohl, sondern massiv und ohne knotige Verstärkungen.

Seggen, aus der Familie der Riedgrasgewächse *(Cyperaceae)*, haben ebenfalls massive, knotenlose Stängel; diese sind jedoch häufig nicht zylindrisch, sondern dreikantig (d.h. dreieckig im Querschnitt).

Blütenstand

Die Ähre ist die einfachste Blütenstand-Form unter den Gräsern – eine schmale, unverzweigte Struktur, bei der sitzende Blüten unmittelbar an der Mittelachse angeordnet sind.

Die Ährenrispe ist der Ähre sehr ähnlich, doch sind hier gestielte Blüten mit einem kurzen Blütenstiel an der Mittelachse angeordnet.

Die Rispe, die dritte Form des Grasblütenstandes, ist nichts anderes als eine seitlich verzweigte Blütenform.

Manche Gräser zeichnen sich durch lange Grannen aus. Die Mähnengerste trägt steife Grannen, das Reiherfedergras hingegen seidige.

Die typische Zierpflanze trägt auffällige Blüten, die nicht allein unsere Aufmerksamkeit auf sich lenken: Auch die verschiedenen Insekten, welche für eine Bestäubung nötig sind, werden zu ihnen hingelockt. Gräser hingegen lassen ihren Pollen nicht durch Insekten, sondern vom Wind zur nächsten Blüte transportieren, und daher benötigen sie keine großen, leuchtend bunten Blüten. Statt dessen produzieren sie eine Vielzahl kleiner Blüten, die in einem Blütenstand zusammengefasst sind. Links sehen Sie Beispiele verschiedener Blütenstände, von denen die Ähre der einfachste ist. In den einzelnen, als *Ährchen* bezeichneten Teilblütenständen der Süß- und Riedgräser schützen eine äußere und eine innere *Hüllspelze* eine oder mehrere Blüten, die sich wiederum aus einer *Deckspelze*, einer *Vorspelze* sowie den fruchtbaren Blütenteilen zusammensetzen.

Zwar ist die Farbskala der Grasblüten relativ begrenzt, doch in der Reife ergeben sich die schönsten Farbveränderungen, von Beige, Braun, Grau bis Gold.

Purpurviolettes Federborstengras *Pennisetum setaceum* 'Rubrum' trägt seine Ährenrispen wie langgestielte Bürsten, während die langen Grannen, die den Ährchen des Reiherfedergrases *(Nassella tenuissima*, syn. *Stipa tenuissima*) entsprießen, wie Seide fließen.

horstbildendes Gras
Schizachyrium

Ausläufer bildendes Gras mit Stolonen
Buchloe

Ausläufer bildendes Gras mit Rhizomen
Phalaris arundinacea 'Picta'

Horst- und Kriechgräser

Von sämtlichen Eigenschaften der Gräser ist das für die Gartenplanung womöglich wichtigste Charakteristikum die Unterscheidung in *horstbildende* und *Ausläufer bildende Arten.* Horstbildende Gräser wachsen als dichtes Büschel, das nach und nach im Durchmesser zunimmt. Sie verbleiben also praktisch an der Stelle, an die sie gepflanzt wurden. Ausläufer bildende Kriechgräser hingegen produzieren kräftige horizontale Seitensprosse, die sich ober- oder unterirdisch ausbreiten. Oberirdische Ausläufer werden als *Stolonen* bezeichnet, unterirdische als *Rhizome.* Manche Kriechgräser bilden dichte Matten oder Rasenteppiche, während andere ganz unerwartet hier und dort zum Vorschein kommen, häufig in erstaunlicher Entfernung von der Mutterpflanze.

Für Beete und Rabatten fällt meist die Wahl auf horstbildende Gräser, da man auf Despoten, welche die umstehenden Stauden und Einjährigen erdrücken, wie manche Kriechgräser es tun, keinen Wert legt. Doch auch Kriechgräser haben ihre Rolle; so sind sie am Hang ideal zur Bodenbefestigung, und in etwas wilderen Gartenbereichen bilden sie eine pflegeleichte Bodendecke. Natürlich lassen sich auch Kriechgräser in Beeten und Rabatten verwenden, sofern man gewillt ist, ihnen Grenzen zu setzen – sei es durch jährliches Teilen oder Abstechen oder durch Einbauen einer Wurzelsperre, beispielsweise eines Eimers ohne Boden, der fast bis an den Rand versenkt wird. Einfacher und mit weniger Aufwand lassen sich schöne Kriechgräser in Schalen und Töpfen ziehen.

Die weichborstigen Blütenstände des horstbildenden Federborstengrases *Pennisetum alopecuroides* 'Hameln' nehmen die ähnliche Blütentextur des Leberbalsams *(Ageratum houstonianum)* wieder auf. (Chanticleer Garden, Wayne, Pennsylvania)

Grössen und Formen

Für jeden Platz gibt es das passende Ziergras, vom kleinsten Balkongarten bis hin zur weitläufigen Landschaft. In ihrer Wuchshöhe rangieren diese Pflanzen von wenigen Zentimetern bis hin zu schwindelnden sieben Metern Höhe und darüber; es ist daher wichtig, sich nach der Endhöhe eines jeglichen Grases zu erkundigen, bevor man es in seinen Garten bringt.

Ziergräser gibt es außerdem mit ganz unterschiedlichem Habitus: borstig, aufrecht oder bogig überhängend wachsend. Seggen, deren steif aufrechte Blätter einem gemeinsamen Mittelpunkt entspringen, sind eine typische borstige Form. Das Federborstengras repräsentiert mit seinem eleganten, gebogenen Laub ein überhängendes Gras, während die Säulenform der Rutenhirse charakteristisch für aufrechte Gräser ist.

Noch dramatischer ist die Kombination unterschiedlicher Wuchsformen, die manche Gräser auszeichnet. Beim Gartensandrohr *(Calamagrostis* x *acutiflora)* sprießen zwischen bogig überhängendem Laub steil aufrechte Blütenstängel. Das Chinaschilf *(Miscanthus sinensis)* hingegen trägt überhängende Blätter an aufrechten Schäften, von der Wirkung einem Springbrunnen nicht unähnlich. Die Vielzahl der Formen und ihre jahreszeitlichen Veränderungen bieten kreativen, experimentierfreudigen Gärtnern viele Gelegenheiten für spannende und unerwartete Effekte.

Schwingel (*Festuca* spp.)

◄ **Borstig wachsende Gräser** haben spitze aufrechte Blätter, die aus der Mitte des Grasbüschels entspringen.

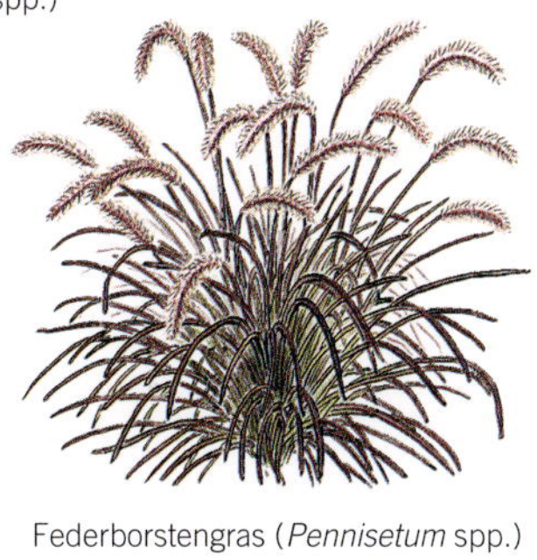

Federborstengras (*Pennisetum* spp.)

► **Bogig überhängend wachsende Gräser** haben elegant gebogenes Laub, das aus der Mitte der Graspflanze entspringt.

Rutenhirse
(Panicum virgatum)

▲ **Straff aufrecht wachsende Gräser** sind ausgeprägt vertikal und wachsen meist als Ansammlung nebeneinander stehender Büschel (Schaftgräser).

Chinaschilf
(Miscanthus sinensis)

Gartensandrohr
(Calamagrostis x *acutiflora)*

▲ **Kombinierte Formen**, wie in diesen beiden Beispielen, wirken ausgesprochen dekorativ.

Achtung Problemgräser

Gräser sind in der Pflanzenwelt überall anzutreffen, denn sie sind zäh genug, um sich im Kampf um Licht, Wasser und Nährstoffe gegen andere Pflanzen durchzusetzen. Sie verbreiten sich sehr erfolgreich über Ausläufer oder reichliche Samenbildung. Obgleich die meisten Ziergräser friedlich mit anderen Gartenpflanzen koexistieren, erfordern andere ein wenig mehr Arbeitseinsatz seitens des Gärtners. Wer vorher um die Problematik mancher Gräsersorten weiß, kann daher leichter für ihn lohnenswerte von zu meidenden Kandidaten unterscheiden.

Natürlich lässt sich mit dem nötigen Einsatz praktisch jedes Gras unter Kontrolle halten. Wurzelsperren, die mindestens dreißig Zentimeter tief eingegraben werden, hindern Kriechgräser an der Ausbreitung. Sind Sämlinge das Problem, so kann eine alljährlich im Frühjahr aufgebrachte dicke Mulchdecke die letztjährigen Samen abdecken, bevor sie aufkeimen, oder die unerwünschten Sämlinge werden ausgehackt oder per Hand gejätet. Die Blütenstände abzuschneiden, bevor die Samen reifen, ist eine andere Möglichkeit, jedoch beraubt man sich dadurch einer noch Wochen oder Monate anhaltenden Zierde. Wer möglichst viel Freude an Ziergräsern bei möglichst wenig Arbeit haben will, sollte sorgfältig planen, um etwaige Probleme zu verhindern.

Leider lässt sich nur schwer eine vollständige Liste von „Problemgräsern" zusammenstellen, da sich ein und dieselbe Art im einen Klima- oder Lebensbereich als regelrechtes Unkraut und in einem anderen als ideale Gartenpflanze erweisen kann. Ein Gras etwa, das auf feuchtem Boden üppig wuchert, breitet sich ungleich langsamer aus, sobald es auf trockenen Boden trifft. Eine Art, die sich in Gegenden mit langer frostfreier Periode reichlich versamt, produziert in kühleren Gegenden wenige, wenn nicht gar keine Sämlinge, da die Samen gar nicht erst ausreifen. Rechts finden Sie eine Liste von Gräsern, die am ehesten Probleme verursachen können.

Cortaderia jubata (Pampasgras, S-Am., in SW-Eur. eingebürgert): Kann in wintermilden Klimagebieten durch Versamung zu einem gefährlichen Unkraut werden.

Equisetum spp. (Schachtelhalm, meist heimisch): Die Rhizome breiten sich auf feuchtem Boden in Windeseile aus (Ill. links).

Glyceria maxima 'Variegata' (Bunter Wasserschwaden, heimisch): Die Rhizome breiten sich auf nassem, nährstoffreichem Boden rasch aus.

Hordeum jubatum (Mähnengerste, N- u. S.-Am., in Eur. eingebürgert): Versamt sich auf ungestörten Standorten reichlich.

Leymus arenarius (Strandroggen, N-Am.): Verbreitet sich im Küstenbereich auf lockerem Boden rasch über Ausläufer.

Miscanthus sacchariflorus (Silberfahnengras, O-As.): Breitet sich willig über Rhizome aus.

Miscanthus sinensis (Chinaschilf, O-As.): Früh blühende Sorten können sich in wintermilden Klimagebieten versamen und zu Unkraut werden.

Pennisetum spp. (Federborstengras, Afr., As.): Kann sich südlich der Alpen reichlich versamen und zu einem Unkraut werden.

Phalaris arundinacea (Rohrglanzgras, heimisch): Mehrfarbige Sorten können sich rasch über Rhizome ausbreiten.

Phyllostachys nigra (Schwarzrohrbambus, China): Verbreitet sich in wärmeren Gegenden äußerst rasch über Rhizome.

Pleioblastus viridistriatus (Gelbbunter Buschbambus, Jap.): Bildet dichte, wuchernde Kolonien.

Typha spp. (Rohrkolben, heimisch): Breitet sich auf nassem Boden rasch über Rhizome aus.

Lebenszyklus

Unter den Gräsern gibt es sowohl einjährige als auch mehrjährige Arten. Einjährige Gräser schließen ihren Lebenszyklus – Keimen, Wachsen, Blühen, Samenreife, Absterben – in einer einzigen Wachstumsperiode ab. Perennierende Gräser sterben nach der Samenbildung nicht ab; sie kehren Jahr für Jahr wieder.

Bei den mehrjährigen Gräsern lassen sich zwei grundlegende Typen unterscheiden: früh grünende und spät grünende Gräser. Bei Gräsern, die kühlere Temperaturen bevorzugen, beginnt das aktive Wachstum im Vorfrühling oder im zeitigen Frühjahr; sie blühen meist im Frühling oder zum Sommerbeginn. Sobald die Temperaturen 24–25°C übersteigen, verlangsamt sich ihr Wachstum oder hört ganz auf. Schwingel *(Festuca* spp.) und Flattergras *(Milium effusum* 'Aureum') etwa zählen zu den früh grünenden Arten. Warme Temperaturen bevorzugen dagegen u.a. Immergrünes Chinaschilf *(Miscanthus transmorrisonensis)* und das spät grünende Pampasgras *(Cortaderia selloana)* sowie Federborstengräser *(Pennisetum* spp.).

Manche mögen's heiß: Das Purpurviolette Federborstengras *Pennisetum setaceum* **unten links** sowie das Immergrüne Chinaschilf *Miscanthus transmorrisonensis* **unten rechts** laufen erst bei hohen Temperaturen zu ihrer besten Form auf; ihr Wachstum setzt daher relativ spät im Frühjahr ein und die Blüte spät im Sommer oder Herbst.

Fantastische Lichtspiele

Gärtner tendieren dazu, Licht zu quantifizieren: Wie viele Stunden lang fällt Sonnenlicht auf diese oder jene Stelle? Wie viel Licht benötigt diese Pflanze zum Wachsen und Gedeihen? Licht hat jedoch auch eine wichtige ästhetische Komponente, eine Farbe und eine Intensität, die sich im Laufe des Tages sowie mit dem Wechsel der Jahreszeiten verändern.

Von hinten einfallendes Sonnenlicht bringt diese Gräser von innen heraus zum Strahlen. Im Uhrzeigersinn von oben links: Riesengroßes Halfagras *(Stipa gigantea)*, Purpurviolettes Federborstengras (*Pennisetum setaceum* 'Rubrum') und Orientalisches Lampenputzergras *(Pennisetum orientale)*.

Direkte Beleuchtung ist das, was wir sehen, wenn wir den Garten mit dem Rücken zur Sonne betrachten. Das harsche Licht lässt leuchtende Blüten hervortreten, „schluckt" jedoch die subtilen Form- und Strukturkontraste, die Gräser so reizvoll machen. Gräser wirken am schönsten, wenn sie seitlich oder von hinten beschienen werden.

Seitliche Beleuchtung lässt ideale Kontraste zwischen Licht und Schatten entstehen und hebt die typischen Gestalten und Texturen von Blättern, Blüten und Samenständen deutlich heraus. Platziert man Gräser mit zarten Blütenständen vor einem dunklen Hintergrund an einer Stelle, die morgens oder abends das Sonnenlicht einfängt, so beginnen sie zu schimmern und zu leuchten. Farblose Blüten und Samenstände durchlaufen ein ganzes Regenbogenspektrum, während sich das warme Gelb der Morgensonne in weißes Mittagslicht und später in rosig leuchtende Abendsonne verwandelt.

Hinterleuchtung ist eine andere Möglichkeit, mit Ziergräsern geradezu exquisite Wirkungen zu erzielen. Steht die Sonne direkt hinter einem Gras, so tritt dieses als Silhouette hervor; jedes noch so winzige Detail wird sichtbar – ein feines Haar, eine gefiederte Granne, eine zarte Blüte, ein Samenkorn –, und die ganze Pflanze leuchtet wie von innen heraus. Bei manchen scheint das Licht durch die Blätter; der Effekt erinnert an Sonnenstrahlen, die durch ein bleiverglastes Fenster fallen.

Die spektakulärste Lichtwirkung lässt sich im Garten nicht immer auf Anhieb erzielen. Es kann sinnvoll sein, die Gräser zunächst in Gefäße zu pflanzen; so lassen

sie sich immer wieder umstellen, bis der Platz mit dem größten Effekt gefunden ist. Eine andere Möglichkeit bieten Gartenleuchten, mit denen sich bei Nacht ähnliche Lichtwirkungen gezielt produzieren lassen.

Oben: Sonnenbestrahltes, windbewegtes mexikanisches Reiherfedergras *(Nassella tenuissima)* rückt mit seiner feinen Textur die Rosen ins rechte Rampenlicht.

Rechts: Für die nickenden rosa Wattebäusche des Natalgrases *(Rhynchelytrum nerviglume)* bildet das Riesengroße Halfagras *(Stipa gigantea)* ein Bühnenbild aus ziselierter Spitze.

Reiche Strukturen

Voller Verlangen nach Farbe und Schönheit gehen wir gern unsere Gartenplanung mit einer „Hauptsache Farbe"-Attitüde an. Mit der Zeit jedoch lernen wir den Beitrag schätzen, den die Textur zu dynamischen Pflanzenkombinationen leistet. Zu den spannendsten und auffälligsten Blatttexturen zählen dabei die der Ziergräser.

Aufgeplusterte Horste des Chinaschilfs *Miscanthus sinensis* 'Morning Light' umringen fein texturierte Blauraute *(Perovskia atriplicifolia)* und einige fröhlich leuchtende Schafgarben (*Achillea* sp.) mit zahllosen parallelen Linien.

Der Begriff *Textur* kann mehrere unterschiedliche Eigenschaften bezeichnen: die Konturen des einzelnen Blattes, die Beschaffenheit seiner Oberfläche sowie das Gesamterscheinungsbild der belaubten Pflanze. Die Blattform ist entweder einfach (ein einzelnes Blatt) oder zusammengesetzt (mehrere Blättchen sitzen an einem Blattstiel), wobei der Blattrand glatt, mehr oder weniger gekerbt oder unterschiedlich gefiedert sein kann. Die Blattoberfläche fällt meist in eine von drei Hauptkategorien: glatt, behaart oder rau. Der Eindruck der vollständig belaubten Pflanze ist entweder fein texturiert (von spitzenfeiner oder fedriger Erscheinung), mittelfein texturiert (das betrifft die meisten Pflanzen) oder grob

texturiert (man denke an breitblättrige Funkien).

Gräser variieren stark in Größe, Habitus und Farbe, doch bezüglich ihrer Blatttextur sind sie sich recht ähnlich. Ihre einfachen Blätter sind fast alle lang und schmal mit glattem Rand, und obgleich die Oberfläche glatt, rau oder behaart sein kann, ist der Gesamteindruck der Pflanze ausgesprochen fein texturiert, was sie zu einem so wertvollen Partner für augenfällige Kombinationen macht.

Viele blühende Lieblinge unserer Rabatten tragen recht nichtssagendes Laub; setzt man sie jedoch neben ein Gras, so gewinnen auch diese Blätter plötzlich an Interesse. Fein texturiertes, massiertes Gras bildet einen hervorragenden Hintergrund für kecke Korbblüten, für flache Blütenteller, runde Dolden und dramatische Einzelblüten wie die der Mannstreu-Arten *(Eryngium spp.)*.

Wer mehr Wert auf Laub denn auf Blüten legt, der wird an dem unübersehbaren Kontrast fein texturierter Gräser neben großen, auffälligen Blättern seine Freude haben. Gräser sind außerdem von unschätzbarem Wert, will man die harten Kanten von Mauern, Pflasterflächen, Stufen und anderen massiven Oberflächen mildern.

Oben: Seggen gedeihen gern auf feuchten Böden und sind somit angemessene Begleitung für kleine Wasserbecken. Hier wird die grazile Brokatsegge *Carex dolichostachya* 'Kaga Nishiki' von Farnen und der grober belaubten Stachelblättrigen Duftblüte *Osmanthus heterophyllus* 'Ogon' neben dem Kübel ergänzt.
(Garten von Linda Cochran, Bainbridge Island, Washington)

Oben rechts: Zartes, wogendes Reiherfedergras *(Nassella tenuissima)* bildet in dieser Staudenrabatte einen Ruhepunkt zwischen kühneren Pflanzen, wie den Lilienhybriden im Vordergrund.

Unten rechts: In jedem Garten fiele dieser *Cannomois virgata* auf, mit roten Hochblättern an steifen grünen Stängeln und überhängendem, haarfeinem Laub.

Die richtige Wahl

Wie bei jedem erfolgreichen Entwurf, gibt es vor der Ausführung eines schönen Gräsergartens einen wohl durchdachten Plan. Nehmen Sie sich die Zeit, ganz bewusst solche Gräser auszuwählen, die am besten Ihrem Klima, Ihrer Lage sowie Ihren Bedürfnissen entsprechen. Kataloge, Gärtnereien und andere Gärten in Ihrer Umgebung bieten viele Anregungen.

Auf gut dräniertem Boden genießen sowohl Furchenschwingel *(Festuca rupicola)* als auch Gemeine Schafgarbe (*Achillea millefolium)* ihren Platz in der Sonne.

Wie bei allen anderen Pflanzen, so ist auch bei Gräsern die erste Voraussetzung für einen Erfolg die Wahl solcher Arten, die den speziellen Wachstumsbedingungen am besten entsprechen. Bedenken Sie zunächst Ihr Klima. Die Bezeichnung der Winterhärte gibt einen ersten Anhaltspunkt bei der Überlegung, ob ein Gras den Winter bei Ihnen überleben wird. Doch Winterkälte ist nur ein Faktor von vielen. Ein früh grünendes Gras etwa wird problemlos einen milden südlichen Winter überstehen, toleriert aber nicht unbedingt die heißen Sommer der Region. Und obwohl spät grünende Gräser mit allzu kaltem Klima oft nicht zurechtkommen, kann eine Pflanzstelle mit ausgezeichnetem Wasserabzug und durchgehender Schneedecke ideale Wachstumsbedingungen für eine Art bieten, der man dieses nie zugetraut hätte. Andere Faktoren, wie Luftfeuchte oder Meeresnähe, können sich ebenfalls ganz wesentlich darauf auswirken, wie sich ein bestimmtes Gras im Garten verhält. In diesem Buch finden Sie regelmäßig Angaben zur Widerstandsfähigkeit der Gräser: Nehmen Sie diese als Ausgangspunkt für Ihre Wahl, lassen Sie sich dadurch jedoch nicht in Ihrer Experimentierfreudigkeit bremsen.

Bewerten Sie als nächstes die für Ihr Grundstück charakteristischen Wachstumsbedingungen: Licht, Schatten, Bodenbeschaffenheit, Feuchtigkeit. Die überwiegende Mehrzahl der Gräser gedeiht am besten in voller Sonne, doch manche kommen auch mit weniger Licht noch recht gut zurecht, und einige lieben Schatten über alles. Bunte Gräser beispielsweise färben häufig in lichtem Schatten am besten aus. Die meisten Gräser gedeihen gut in „normaler" Gartenerde. Interessanterweise führt ein zu hoher Nährstoffgehalt bei dieser Pflanzengruppe häufig zu schlaksigem Wuchs und reduzierter Blüte. Aufgrund ihres ausgedehnten Wurzelsystems reagieren viele Gräser unempfindlich bei Trockenheit, doch man sollte wissen, dass manche Arten konstant feuchten Boden zu schätzen wissen oder sogar benötigen.

Neben den ästhetischen Gesichtspunkten – Färbung, Blüte, Textur, Höhe, Habitus – sind zwei weitere Faktoren bei der Wahl eines Grases für den Garten zu bedenken. Als erstes die Frage, ob eine kriechende Art überhaupt in Frage kommt, oder ob nur wohl erzogene Horstgräser erwünscht sind. Beide haben ihre Verwendung, doch man sollte sie grundsätzlich ganz bewusst platzieren, damit man sich nicht, ohne es zu wollen, unlösbare Komplikationen einhandelt. Und damit sind wir gleich beim zweiten Punkt: Wie hoch ist der für ein bestimmtes Gras erforderliche Arbeitsaufwand? Eine Art, die häufig geteilt werden muss, sich geschwinde ausbreitet oder reichlich versamt, wird mehr Aufmerksamkeit beanspruchen als ein langlebiges horstbildendes Gras, das keine Sämlinge bildet.

Mangelnde Nachfrage mag einer der Gründe sein, warum im Gartencenter häufig nur wenige Arten angeboten werden. Verglichen mit blühenden Pflanzen sind getopfte Gräser einfach keine großen Kassenmagneten. Der Trend geht jedoch stetig aufwärts, und vorausschauende Gärtnereien und Gartencenter fügen inzwischen Ziergräser in ihre Schaubeete ein, um zu demonstrieren, wie sie sich entwickeln, und um Experimente mit Gräserkombinationen und gemischten Pflanzungen anzuregen.

Sollte es sich als unmöglich erweisen, konkrete Wünsche aus dem örtlichen Angebot zu erfüllen, so sind viele Arten und Sorten über den Fachversand erhältlich. Halten Sie sich gerade beim Neukauf an die Faustregel, spät grünende Gräser im Frühjahr zu pflanzen, damit sie Zeit zum Einwachsen haben; um sich die Lieferung zu sichern, bestellen Sie sie ruhig schon im Herbst, wenn die neuen Kataloge kommen, und geben Sie als Liefertermin das Frühjahr an.

Sollten Sie Gräser über einen Versand bestellen, so dürfen Sie keine allzu großen, kräftigen Pflanzen erwarten. Ausdauernde Gräser werden manchmal wurzelnackt verschickt (lediglich gut verpackt), und die dürren Sprossen sehen nicht gerade vielversprechend aus. Doch haben Sie Vertrauen: Setzen Sie sie in den Garten oder in einen Topf, halten Sie sie feucht nach Bedarf, und in nur wenigen Wochen sollten sie angewachsen sein und zu sprießen beginnen.

Goldgelbes Hakone-Gras *(Hakonechloa macra* 'Aureola') leuchtet hell am schattigen Wegrand dieses Gartens in Seattle.

Wie verhält sich mein Gras?

Ziergräser lassen sich zwar nicht als pflegefrei bezeichnen, doch sie sind entschieden am unteren Ende der Aufwand-Skala einzuordnen. Lassen Sie ihnen die gleiche Pflege angedeihen wie Ihren anderen Gartenpflanzen, so machen sie sich prächtig, und auch Ungeziefer und Krankheiten sind normalerweise kein Thema.

Das zeitige Frühjahr ist der ideale Zeitpunkt, um spät grünende Gräser in den Boden zu bringen, wo sie Wurzeln schlagen und mit steigenden Temperaturen zu sprießen beginnen. Früh grünende Gräser können jederzeit gepflanzt werden, obgleich auch für sie das zeitige Frühjahr der beste Zeitpunkt ist.

Übertreiben Sie es nicht mit der Bodenvorbereitung – das gilt zuerst und vor allem für sowohl künstlichen als auch Naturdünger, denn Ziergräsern missfällt zu fruchtbarer Boden; lockern Sie jedoch den Boden wie für jede andere Pflanze auch. Entfernen Sie unbedingt sämtliche Unkräuter vor dem Pflanzen, ganz besonders hartnäckige Unkrautgräser wie Quecken *(Agropyron repens)*. Unerwünschte Gräser aus sorgfältig gewählten Ziersorten zu entfernen kann der reinste Albtraum sein.

Der Abstand zwischen Gräsern sollte in etwa ihrer endgültigen Wuchshöhe entsprechen. Für kleinere Arten heißt das etwa 30 bis 75 cm; höhere sollten Sie etwa 1,20 m bis 1,50 m auseinander setzen. Anfangs werden sie etwas mickrig wirken, vor allem dann, wenn Sie kleine Pflänzchen setzen, doch nach und nach werden sie sich ausbreiten. Wer rascher ein fülliges Bild möchte, kann die Pflanzen dichter setzen, doch in diesem Fall müssen die zu eng sitzenden Horste mehrere Jahre früher aufgenommen und geteilt werden, als es eigentlich der Fall wäre.

Pflanzen Sie Gräser wie jede andere Staude auch. Wurde das Gras in einem Topf vorgezogen, so wässern Sie es gut, bevor Sie es herausnehmen. Heben Sie ein Pflanzloch aus, in das die Wurzeln oder der Ballen gut hineinpassen, und zwar so,

Gras einpflanzen

▲ **Containerpflanzen:** Lassen Sie die Pflanze aus dem Topf gleiten und setzen Sie sie so tief ein, dass die Oberseite des Ballens auf einer Höhe mit dem Boden ist.

◀ **Wurzelnackte Pflanzen:** Formen Sie in dem Pflanzloch einen Erdkegel und verteilen Sie die Wurzeln vorsichtig auf alle Seiten.

dass der Scheitel des Grases (wo die Halme und Blätter aus dem Wurzelballen sprießen) auf einer Höhe mit dem Boden oder geringfügig darüber zu sitzen kommt.

Füllen Sie dann Erde um die Wurzeln, bis das Loch etwa halb voll ist, und wässern Sie gründlich. Lassen Sie das Wasser einige Minuten stehen, füllen Sie das Loch mit Erde auf und wässern Sie erneut. Decken Sie den Boden um die Pflanze einige Zentimeter dick mit Mulch ab, doch lassen Sie der Pflanze dabei Luft. Eine gute Luftzirkulation ist wichtig, da zu viel Feuchtigkeit im Scheitelbereich zu Fäulnis führen kann.

Düngen und Giessen

Die meisten Gräser erfordern lediglich ein Minimum an Pflege. Es sollte nur sparsam gedüngt werden, da ein Zuviel an Stickstoff rasches, weiches, schlaffes Wachstum provoziert. Eine jährliche mehrere Zentimeter starke Mulchschicht aus Kompost ist für die Bodenbeschaffenheit und die Pflanze von Vorteil. Während des ersten Jahres sollte Gras regelmäßig gegossen werden, damit es ein gutes Wurzelsystem ausbildet. Selbst Arten, die normalerweise als trockenresistent gehandelt werden, benötigen ein oder zwei Vegetationsperioden, bevor sie vollkommen eingewachsen sind. Haben Sie Gräser gewählt, die Ihrem Klima entsprechen, so sollte Gießen nach dem ersten Jahr nur selten notwendig sein. Wenn Ihre Gräser regelmäßig Wasser benötigen oder mit wasserbedürftigen Pflanzen vergesellschaftet sind, so ist eine Tropf- oder Sickerbewässerung einer Beregnung unbedingt vorzuziehen, da hierbei das Laub trocken bleibt und mögliche Krankheiten gar nicht erst auftreten.

Graugrüne *Muhlenbergia rigens* gedeiht auf frischen wie auf trockenen Böden, erreicht bei guter Wasserversorgung jedoch die doppelte Höhe.

Die Versorgung mit Wasser wirkt sich immer auf die Pflanzenhöhe aus. *Muhlenbergia rigens* etwa bildet auf trockenen Böden 60 cm hohe Horste, kann bei guter Wasserversorgung jedoch die doppelte Höhe erreichen. Eher weichen Gräsern wiederum, wie manchen *Miscanthus*-Arten, bekommt ein trockenerer Boden gut, auf dem sie sich weniger üppig und standfester entwickeln.

SIE HABEN DIE WAHL

Gräser auszuputzen kann in reiner Ästhetik oder aber in schlichtem Selbsterhaltungstrieb begründet sein. Im ersten Fall knipst man etwa die Blüten ab, weil einem das Laub besser gefällt; bei Zeitmangel können sie ebenso gut an der Pflanze verbleiben. Die Blüte abzuschneiden, bevor sich Samen bilden, beraubt Sie natürlich etlicher Wochen oder Monate der Freude. Andererseits ersparen Sie sich mit dem Unterbinden der Aussaat gegebenenfalls jahrelanges mühseliges Jäten. Hauptkandidaten für das Ausputzen der Blüten sind die folgenden Gräser:
Andropogon spp. (Bartgräser); *Briza media* (Herzzittergras); *Calamagrostis brachytricha* (Diamantgras); *Chasmanthium latifolium* (Plattährengras); *Deschampsia cespitosa* (Rasenschmiele); *Hystrix patula* (Flaschenbürstengras); *Miscanthus sinensis* (Chinaschilf; nur in SW-Eur.); *Panicum virgatum* (Rutenhirse); *Pennisetum spp.* (Federborstengräser; nur südlich der Alpen); *Sorghastrum nutans* (Goldbartgras)

Folgende Gräser säen sich aus, ohne lästig zu werden:
Agropyron magellanicum; Carex grayi; C. muskingumensis; C. pendula; Eragrostis curvula; Koeleria glauca; Melica altissima; M. nutans; Poa caesia; Stipa capillata

Zurückschneiden

Viele Gärtner nehmen den Rückschnitt alter Halme gern zeitgleich mit den übrigen Herbstarbeiten vor, was vollkommen in Ordnung ist bei solchen Arten, die im Winter recht bald unansehnlich werden, darunter das Pfahlrohr *(Arundo donax)*, Schmielen *(Deschampsia* spp.), Strandroggen *(Leymus arenarius)*, Alang-Alang-Gras *(Imperata cylindrica* var. *koenigii* 'Red Baron') sowie das Seidengras *(Saccharum ravennae)*.

Es gibt jedoch genügend gute Gründe, warum man spät grünende Gräser den Winter über möglichst stehen lassen sollte. So kann das alte Laub die Pflanze vor Kälte und Feuchtigkeit schützen und das Risiko, dass die Pflanze während des Winters verrottet, wesentlich verringern. Die schönen Samenstände und Blätter sind außerdem hübsch anzusehen, und Vögel freuen sich über die Körner ebenso wie über den Schutz. Erst wenn der Horst unansehnlich wird – gegen Ende des Winters oder im zeitigen Frühjahr –, schneiden wir ihn auf 10 bis 15 cm herunter, damit die neuen Halme sprießen können.

Früh grünende Gräser hören bei hohen Temperaturen auf zu wachsen und erfordern daher in der ersten Sommerhälfte ein wenig Aufmerksamkeit, wenn sie ihr schönes Aussehen beibehalten sollen. Bei manchen, wie etwa dem Blaustrahlhafer *(Helictotrichon sempervirens)*, beschränkt sich dies auf das Auspflücken oder -harken abgestorbener Blätter. Bei anderen kann sich ein Rückschnitt um etwa die Hälfte empfehlen, um einen Neuaustrieb zum Herbst hin zu provozieren. Das funktioniert beispielsweise bei Strandroggen *(Leymus arenarius)*, Schmielen *(Deschampsia spp.)*, Buntem Glanzgras *(Phalaris arundinacea* 'Picta') und dem mehrjährigen Herzzittergras (Briza media).

Kleinere Gräser lassen sich problemlos mit der Garten- oder Rasenkantenschere zurückschneiden. Für höhere Gräser sind größere Kaliber nötig, etwa eine elektrische Heckenschere oder sogar ein Trimmer mit Messerschneide. Manche Gräser

Binden Sie Grasbüschel mit Schnur zusammen, bevor Sie sie bodennah abschneiden.

haben erstaunlich scharfe Blattränder, wappnen Sie sich für diese Arbeit also mit Handschuhen, Schutzbrille, langen Ärmeln und langen Hosen. Schauen Sie nach, ob zwischen den Halmen metallene Stützstäbe vergessen wurden, bevor Sie an die Arbeit gehen. Wenn Sie die Halme vor dem Rückschnitt mit Schnur zusammenbinden, ist das Aufräumen hinterher im Nu geschehen: Sie haben ein einziges sauberes Bündel fortzutragen, statt Dutzende von Halmen aufharken zu müssen.

Anbinden

Wenn Sie nicht zu den wenigen Gärtnern zählen, die tatsächlich gern Pflanzen anbinden, ist es sinnvoll, diese Aufgabe zu minimieren. Erwägen Sie kompaktere Sorten höherer Wildgräser, beispielsweise beim Chinaschilf *(Miscanthus)*, und geizen Sie mit Dünger und Wasser. Durch Teilung großer Horste lässt sich das durch zu dichten Stand verursachte Umfallen der Halme verringern, doch wer jemals versucht hat, einen großen eingewachsenen Horst anzuheben, mag schnell der Meinung sein, dass Anbinden einfacher sei. Ein wirksamer Trick bei Riesengras besteht darin, es in der ersten Sommerhälfte auf etwa 15 cm zurückzuschneiden. Der Neuaustrieb bleibt wesentlich niedriger, und die Blüte verschiebt sich meist ein wenig. Bei hohen Arten wie Chinaschilf *(Miscanthus)*, Goldleistengras *(Spartina pectinata)* und Seidengras *(Saccharum ravennae)* angewandt, kann diese Methode einiges mühseliges Anbinden ersparen.

Sollten Sie beschließen, Ihre Gräser hochzubinden, so sind Sie mit Metallrohren, handelsüblichen Drahtreifen, kräftigen Holzpflöcken oder Armiereisen in Kombination mit Bindfaden gut beraten. Sorgen Sie lediglich dafür, dass die Stützen so zeitig angebracht werden, dass die Grashalme hindurchwachsen und sie verdecken können.

Goldleistengras *(Spartina pectinata)* und andere hohe Gräser stützen sich bei Massenpflanzungen manchmal gegenseitig, doch es kann immer noch nötig sein, nahe dem Wegrand wachsende Horste aufzubinden oder zu kürzen, damit sie den Weg nicht versperren.

Gräser teilen

◀ Ein Ausläufer treibendes Gras wird einfach aufgenommen, vorsichtig zerteilt und neu gepflanzt.

▶ Einem großen Horst wird mit einem scharfen Spaten ein „Tortenstück" entnommen; die kleine Teilpflanze wird neu gepflanzt, das Loch in der Mutterpflanze mit frischer Erde aufgefüllt.

Teilen

Wie bereits erwähnt, kann Teilen eine sinnvolle Verjüngungskur für überalterte Gräser sein, doch es gibt noch andere Gründe für diese Maßnahme. Manche Gräser wie etwa die Schwingel-Arten (*Festuca* spp.) bilden dichte Horste, die sich als kurzlebig erweisen, teilt man sie nicht alle zwei bis drei Jahre. Manche dichte Horstgräser entwickeln eine auffällige kahle Mitte, da diese im ständigen Schatten der äußeren Halme liegt; hier bietet die Teilung eine mögliche Lösung. (Eine einfachere Lösung bei mächtigen Gräsern besteht darin, die abgestorbene Mitte mit dem Spaten auszuhöhlen, mit frischer Erde zu füllen und mit einer kleinen Pflanze derselben Art zu schließen.) Durch Aufnehmen, Teilen und Neupflanzen lassen sich auch wuchernde Gräser unter Kontrolle halten, und letztendlich bietet die Teilung eine ökonomische Methode, seine Gräser zu vermehren, seine Pflanzungen auszudehnen und Gartenfreunde mit Ablegern zu beschenken.

Idealerweise sollte Gras grundsätzlich kurz vor Beginn des aktiven Wachstums geteilt werden. Für früh grünende Gräser liegt dieser Zeitpunkt meist am Frühjahrsbeginn. (Der Herbstbeginn ist bei diesen eine weitere Möglichkeit, doch wo der Boden im Winter häufig friert und wieder auftaut, können sich im Herbst geteilte Stauden aus dem Boden schieben.) Bei spät grünenden Gräsern warten Sie dagegen mit dem Teilen bis Mitte oder Ende Frühjahr oder sogar bis zum Sommeranfang.

Bei Ausläufer bildendem Gras ist die Teilung eine simple Angelegenheit: Nehmen Sie es auf, zupfen Sie es auseinander und pflanzen Sie neu. Kleine Horste nehmen Sie mit der Pflanzkelle oder der Grabegabel auf, um sie in mehrere Teile zu zerreißen oder zu zerschneiden. Für das Ausgraben sehr großer Gräser benötigt man einen kräftigen Spaten und einen ebenso kräftigen Rücken, zum Teilen eine Axt oder eine Motorsäge. Einfacher ist es, keilförmige Stücke aus dem Rand der Pflanze zu stechen, ohne die Mutterpflanze auszugraben, und die Löcher mit frischer Erde aufzufüllen. Größere Teilstücke wachsen am willigsten an, doch wer will, kann sie weiter zerteilen; achten Sie lediglich darauf, dass jedes Teilstück über Wurzeln verfügt.

Problemen zuvorkommen

Eine der angenehmsten Eigenschaften der Ziergräser ist ihre recht hohe Resistenz gegen Krankheiten und Schädlinge. Das soll allerdings nicht bedeuten, dass sie vollkommen immun dagegen sind. Was Krankheiten betrifft, so ist Rost, eine Pilzkrankheit, die orange gepuderte Flecken auf Stängeln und Blättern hinterlässt, ein verbreitetes Problem. Während diese Krankheit normalerweise nicht so gravierend ist, dass sie ein eingewachsenes Gras umbringt, kann sie sich bei hoher Luftfeuchte rasch ausbreiten, besonders wenn die Tage warm und die Nächte kühl sind. Um Probleme zu vermeiden, sollte man Gräser nicht zu dicht pflanzen und über Tropfschläuche bewässern, wodurch die Feuchtigkeit auf den Blättern minimiert wird. Wenn Sie nur einige rostfleckige, gelbe oder vertrocknete Blätter entdecken, kneifen Sie sie sogleich ab; ist die ganze Pflanze betroffen, schneiden Sie sämtliches Laub bis auf einige Zentimeter über dem Boden zurück.

Kaninchen, Igel und andere Tiere mögen an Ihren Gräsern knabbern, verursachen jedoch nur selten wirklichen Schaden, besonders nicht an scharfrandigen Arten wie Chinaschilf und Goldleistengras *(Spartina pectinata)*. Was kleineres Ungeziefer betrifft, so entdecken Sie vielleicht einmal Läuse auf dem weichen Neuaustrieb, doch die Pflanzen entwickeln sich meistens so rasch, dass der Schaden auch ohne Einschreiten minimal bleibt.

Wenn Woll-Läuse zum Problem werden: Schädlinge sitzen gern dort, wo die Blätter dem Halm entspringen.

FARBSPEKTRUM

Oben: Vor einem Hintergrund aus blauviolett blühender Bartblume *(Caryopteris)* nimmt das bronzefarbene Laub der Neuseeländischen Haarsegge *(Carex comans)* den Farbton der charakteristischen Blütenmitte des Roten Sonnenhutes *(Echinacea purpurea)* auf.

Gegenüber: Silbrig-beige Blütenstände von Chinaschilf *(Miscanthus sinensis)* und rostfarben blühendes Gartensandrohr *(Calamagrostis* x *acutiflora* 'Karl Foerster', im Hintergrund) setzen den wogenden Lavendel herrlich in Szene; intensiv rosafarbene Malvenblüten *(Lavatera)* bilden die zusätzlichen Glanzpunkte.

Ziergräser existieren in einer erstaunlichen Vielzahl von Farbtönen und Schattierungen, von leuchtend rot und golden bis hin zu kupfrig, bronze, stahlblau und silbern. Manche unterstreichen die Jahreszeiten mit freudig erwarteten wechselnden Farben, andere halten ihre Färbung konstant. Schon ein einziges farbintensives Gras, wie das Purpurviolette Federborstengras *(Pennisetum setaceum)*, verleiht einer unaufwändigen Containerpflanzung vom Frühjahr bis zum Frost Dramatik; massiert ausgepflanzt ist es ein eindrucksvoller, über Monate wirksamer Gartenakzent.

Gräser, die mehrmals die Farbe wechseln, sind eine gern angenommene Herausforderung. Manche sind im Frühjahr am intensivsten gefärbt, etwa das sonnengelb sprießende Goldene Flattergras *(Milium effusum* 'Aureum') oder der leuchtend weiß gestreifte Weißbunte Knollenglatthafer *(Arrhenatherum elatius* subsp. *bulbosum* 'Variegatum'). Diese frühen Gesellen bieten anderen Frühlingsschönheiten fröhliche Begleitung, beispielsweise Tulpen, Waldvergissmeinnicht *(Myosotis sylvatica)* und Tränenden Herzen *(Dicentra* spp.). Andere Ziergräser erreichen im Spätsommer und Herbst den Höhepunkt ihrer Leuchtkraft. Ihr schlichtgrüner Austrieb überlässt Frühjahrs- und Frühsommerblühern abwartend die Bühne, um mit fortschreitendem Sommer immer stärker in den Vordergrund zu rücken. Der Herbst provoziert noch abwechslungsreichere Farben, wenn nach dem ersten Frost die Farbenspiele der spät grünenden Sommergräser zu gedämpften Rost-, Braun- und Goldtönen verblassen.

Ziergräser schenken dem Garten eine lebhafte Farbpalette; die nun folgenden Bilder sollen Sie dazu anregen, damit auf neue, vielleicht sogar ungeahnte Weise zu experimentieren.

Glühende Gold- und Bronzetöne

Wer gerne Pflanzen mit farbigem Laub zieht und kombiniert, kann seine Palette um zahlreiche gold- und bronzelaubige Gräser erweitern. Etliche dieser Gräser sind schön genug, um für sich allein zu wirken, doch sorgfältig gewählte ein- oder mehrjährige Begleiter bringen ihre wahre Schönheit ganz besonders zum Leuchten.

Goldenes Hakone-Gras *(Hakonechloa macra* 'Aureola') findet hier einen Partner in einer panaschierten Form der Stechenden Ölweide *(Elaeagnus pungens maculata);* der Farbklang wird durch das ziselierte, violette Laub eines Fächerahorns *(Acer palmatum)* vervollständigt. (Garten von Linda Cochran, Bainbridge Island, Washington)

Gold- und gelblaubige Gräser eignen sich besonders gut für spannende Farbkompositionen. Ein einfacher, doch wirkungsvoller Kontrast entsteht, paart man ein leuchtend gelbes oder goldenes Gras mit einem dunkelgrün beblätterten Kompagnon; so erfüllt Goldenes Flattergras *(Milium effusum* 'Aureum') neben dem seidelbastartigen Laub der Mandelblättrigen Wolfsmilch *(Euphorbia amygdaloides* subsp. *robbiae)* einen Schattenplatz mit Licht. Eine kühle Farbkombination mit fabelhaft kontrastierender Textur ergibt die Verbindung goldenen Grases mit dem breiten Blattwerk blau bereifter oder blau-gold-panaschierter Funkien wie *Hosta* 'Halcyon' oder *H.* 'Aurora Borealis'. Wem der Sinn nach gewagterem Spektakel steht, der kombiniert goldenes Gras mit Pflanzen, die düsterviolettes, rotbraunes oder schwarzes Laub tragen. Man stelle sich nur vor, wie sich die Schößlinge der goldenen Waldmarbel *Luzula sylvatica* 'Aurea' durch das geklöppelte, fast schwarze Laub der Wiesenkerbelsorte *Anthriscus sylvestris* 'Ravenswing' schieben. Mit nur zwei Blattschmuckstauden lässt sich ein unvergesslicher, unübersehbarer Akzent setzen, der vom Frühjahr bis zum Frost vorhält.

Damit soll beileibe nicht gesagt sein, dass goldene Gräser nicht hervorragend mit Blumen aussähen. Von Hellgelb und Messingtönen einmal abgesehen, ist tatsächlich kaum eine Blütenfarbe vorstellbar, die zu einem solchen Gras nicht gut passt. Goldgelbe Grashalme sind eine besonders elegante Ergänzung zu dem Mandelgrün der Blüten von Frauenmantel *(Alchemilla mollis)*, Wolfsmilch

(Euphorbia spp.) und grün blühendem Tabak *Nicotiana langsdorfii*. Eine andere Gegenüberstellung, die ich besonders mag, ist die von Blau (bzw. Violett) und Gold, und daher pflanze ich goldlaubiges Gras gern zu Glockenblumen *(Campanula* spp.), Ballonblumen *(Platycodon grandiflorus)*, Vergissmeinnicht *(Myosotis sylvatica)* und Sibirischer Wieseniris *(Iris sibirica)*.

Goldgelbe Gräser vertragen in kühleren Gegenden meist volle Sonne; bei großer Sommerhitze jedoch kann die intensive Nachmittagssonne das Laub bleichen oder messinggelb oder braun verfärben. In solchen Gegenden ist eine Pflanzstelle mit Nachmittagsbeschattung sinnvoll. Auch lässt sich häufig das Versengen goldgelber Gräser verhindern, wenn man den Boden konsequent leicht feucht hält.

Die verschiedenen bronzefarbenen Seggenarten unterscheiden sich hier und dort in ihren Ansprüchen, doch die meisten bevorzugen frischen (nie ganz austrocknenden) Boden mit ausgezeichnetem Wasserabzug – eine Kombination, die sich manchmal als Herausforderung erweist. Es lohnt sich jedoch, mit dem verfügbaren halben Dutzend bronzelaubiger Arten und Sorten zu experimentieren, um herauszufinden, welche sich unter den jeweiligen Bedingungen am besten schlagen.

Subtile Perfektion

Auf den ersten Blick erscheint die Vorstellung, absichtlich ein Gras mit braunen Blättern zu pflanzen, als schlechter Gärtnerscherz. Warum schließlich sollte man etwas pflanzen, das schon vorher tot aussieht? Hat man den ersten Schock jedoch überwunden, werden diese bronzefarbenen Gräser schnell zum Liebling der Saison.

Zuallererst ist eine kleine Korrektur angebracht: Was wir als bronzefarbenes Gras bezeichnen, ist eigentlich gar keines. Es handelt sich vielmehr um eine Gruppe von Seggen *(Carex* spp.), die aus Neuseeland stammt. Seggen von orange-brauner Farbe sind vor allem als Vermittler zwischen leuchtenden Blütenfarben effektiv. Kupfrig-braune Seggen, wie die unten abgebildete Neuseeländer Haarsegge *(Carex comans)*, ergänzen sanftere Farben wie Buttergelb, rosiges Pink, Lachs- und Fliedertöne. Und im Verein mit silbrigem Laub sind sie einfach überwältigend, etwa mit Wollziest *(Stachys byzantina)* und der Edelraute *Artemisia* 'Powis Castle'.

Carex comans 'Bronze'

Liriope muscari 'PeeDee Ingot'

Hakonechloa macra 'Aureola'

BESONDERS EMPFEHLENSWERT

GOLD- UND BRONZETÖNE

***Carex comans* 'Bronze'**
Neuseeländer Haarsegge 'Bronze'
30 cm hohe dichte, gelockte Büschel haarfeiner, kupfriger Blätter. Es gibt etliche weitere braune Seggen, darunter die Fuchsrote Segge *C. buchananii,* die Braune Segge *C. petrei, C. flagellifera* und *C. testacea.* Volle Sonne (lichten Schatten in sehr heißen Klimagebieten); normalen bis frischen, durchlässigen Boden. Leichten Winterschutz in exponierter Lage.

***Carex elata* 'Aurea'**
Bowles' Steifsegge, Wasserblütensegge
60 cm hohe Blattbüsche aus überwiegend gelben Blättern mit grünlichen Längsstreifen. Volle Sonne (beste Ausfärbung) bis lichten Schatten; frischen bis feuchten Boden. Sehr winterhart.

***Deschampsia flexuosa* 'Aurea'**
Goldene Drahtschmiele
30 cm hoher dichter Horst glänzender, fein texturierter, gelbgrüner Blätter; grazile, glänzende Blütenrispen stehen zu Mittsommer auf 60 cm hohen Stielen. Lichten Schatten; feuchten, humosen, durchlässigen Boden. Extrem winterhart.

***Hakonechloa macra* 'Aureola'**
Goldenes Hakone-Gras
Sich langsam ausbreitender 30–60 cm hoher Horst weit überhängender, glänzend grüner Blätter mit breiten gelben Streifen, die bei sinkenden Temperaturen Rosatöne annehmen können. In kühlem, feuchtem Klimagebiet volle Sonne, sonst besser lichten Schatten bis Halbschatten; frischen, humosen, durchlässigen Boden. Sehr winterhart.

***Liriope muscari* 'PeeDee Ingot'**
Lilientraube 'PeeDee Ingot'
Sich langsam ausdehnender Horst schmaler, überhängender, leuchtend gelber Blätter von meist 20 cm Höhe; intensiv violette Blütenähren im Herbst. Halbschatten bis Schatten; humosen, durchlässigen Boden. Winterhart.

Pleioblastus viridistriatus
Gelbbunter Buschbambus
Auch als *P. auricomus* oder *Arundinaria viridistriata* im Handel; schlanke, 60–200 cm hohe aufrechte Halme in dichter, sich rasch ausbreitender Kolonie sind mit leuchtend grünen, unregelmäßig gelb gestreiften Blättern besetzt; gelangt nur selten zur Blüte. Volle Sonne bis lichten Schatten; normalen Boden; eingewachsene Pflanzen trockenresistent. Sehr winterhart.

Goldener Farbklang

In dieser schlichten, überwältigenden Komposition der Gärtnerei Heronswood Nursery in Kingston, Washington, leuchtet goldenes Laub selbst noch im leichten Schatten – ein Lichtfleck für jeden Garten. Die intensiv violetten Blütenstände der Katzenminze *(Nepeta sibirica)* lassen die Goldtöne besonders kräftig hervortreten.

Auch nach der frühsommerlichen Blüte mit ihrem schönen Nebeneinander von Farbe und Textur bleibt dieser Gartenwinkel mit seinen wohlplatzierten Gräsern eine Besonderheit. Die Vorstellung beginnt im zeitigen Frühjahr mit den ersten quittegelben Spieren des Goldenen Flattergrases *(Milium effusum* 'Aureum'), dessen luftige Blütenrispen im Frühsommer in auffälligem Gegensatz zu den dichten Blütenkugeln des Zierlauchs *(Allium* sp.) stehen. Das Flattergras versamt sich gerne und wirkt häufig bis zur Samenreife ein wenig verschlissen; ein kräftiger Rückschnitt ist empfehlenswert. Im Gegensatz zu ihren Nachbarn, die jahreszeitliche Wechsel durchlaufen, bildet die Neuseeländer Haarsegge *Carex comans* 'Bronze' während der gesamten Vegetationsperiode einen eleganten Ruhepol.

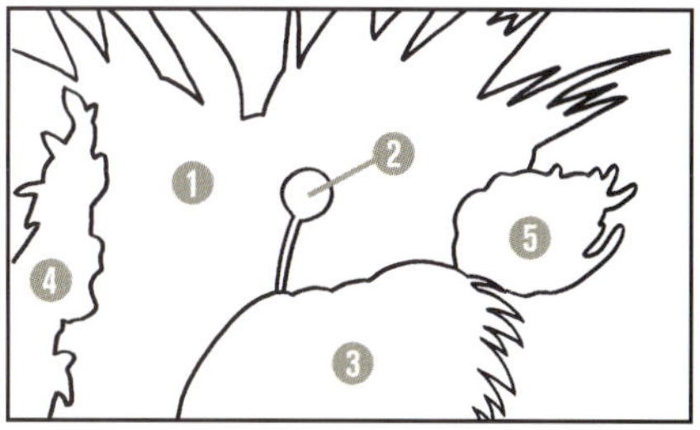

1. *Milium effusum* 'Aureum' (Goldenes Flattergras)
2. *Allium christophii* (Sternkugellauch)
3. *Carex comans* 'Bronze' (Neuseeländer Haarsegge 'Bronze')
4. *Papaver* sp. (Mohn)
5. *Nepeta sibirica* (Katzenminze)

Kühles Blau und feines Grau

Blaue Gräser existieren in unterschiedlichsten Schattierungen, von leuchtend blau bis nahezu grau; im Garten können sie in jedem Farbschema verschiedene Zwecke erfüllen. Manches Blau verschmilzt wunderbar mit sanften Farbtönen, ein anderes dagegen setzt hervorragende Akzente neben Pflanzen mit intensiverer Färbung.

Blaustrahlhafer *(Helictotrichon sempervirens)* vermittelt zwischen fröhlich gefärbtem Sonnenauge *Heliopsis helianthoides* 'Summer Sun', Seidenpflanze *(Asclepias)* und Schafgarbe *(Achillea)*.

Taubenblaue Gräser sind in frühsommerlichen Kombinationen mit pastellfarbenen Blüten und frischem Grün ganz besonders reizend: Setzen Sie beispielsweise den Blauschwingel *Festuca glauca* 'Elijah Blue' zu dem zartgelb blühenden Gelben Fingerhut *(Digitalis lutea)* und zu rosigen Pfingstnelken *(Dianthus gratianopolitanus)*. Führen Sie dieses Thema im Sommer mit Blaustrahlhafer *(Helictotrichon sempervirens)*, hellgelbem Mädchenauge *Coreopsis verticillata* 'Moonbeam' und rosa *Phlox* 'Shortwood' weiter; im Herbst übernimmt dann Rutenhirse *Panicum virgatum* 'Cloud Nine' mit zitronengelber Sonnenblume *Helianthus* 'Lemon Queen' und rosa blühender Herbstanemone *Anemone hupehensis* 'September Charm' die Bühne.

Ganz besonders elegant wirkt blaues Gras in Verbindung mit blauen Blüten. Weben Sie das zierliche Laub der Jungfer im Grünen *(Nigella damascena)* durch spitzigen Blaustrahlhafer, oder setzen Sie das Magellanblaugras *(Elymus magellanicus)*, eine südamerikanische Quecke, als exquisite Begleitung zu den stahlblauen Blüten von Mannstreu *(Eryngium* spp.) oder Kugeldistel *(Echinops* spp.). Weiße Blüten – die Miniaturrose 'Gourmet Popcorn', weiße Kranzlichtnelke *Lychnis coronaria* 'Alba' sowie weiße Tulpen, um nur einige zu nennen – sind ebenfalls charmante Begleiter blauer Gräser.

Wer sich „reiz"vollere Pflanzenkombinationen wünscht, macht sich auf zur gegenüberliegenden Seite des Farbkreises und kontrastiert blaues Gras mit leuchtenden Blüten im Rot-Orange-Gelb-Spektrum. Blaue Rutenhirse, etwa 'Heavy Metal' oder 'Dallas Blues', bildet einen frostigen Hintergrund für den pflaumenblauen Neuaustrieb, die roten Knospen und kirschroten Blüten der trefflich benannten Floribunda-Rose 'Knock-Out'. Besonders Farbmutige versuchen die Kombination eines taubenblauen Grases mit *Zinnia angustifolia*, dem Gartenklassiker in klarem Orange. Oder tun Sie es Mutter Natur gleich und stellen Sie die orange-gelben Blüten des nordamerikanischen Sonnenhutes *(Rudbeckia* spp.) neben das graublaue Laub des Goldbartgrases *Sorghastrum nutans* 'Sioux Blue' gleicher Provenienz.

Pflanzen mit dunkel gefärbtem Laub sind ebenfalls hervorragende Nachbarn für blaue Gräser. Versuchen Sie es einmal mit kontrastierenden Farben bei ähnlicher Textur; hier bietet sich Schwarzer Schlangenbart *(Ophiopogon planiscapus*

'Nigrescens') vor einem mittelhohen blauen Gras wie dem Felssteppen-Bartgras *Schizachyrium scoparium* 'The Blues' an. Oder kontrastieren Sie sowohl Farbe als auch Textur, etwa mit einem eisblauen Gras zu dem rund gelappten Laub einer dunklen Purpurglöckchen-Sorte, wie *Heuchera* 'Purple Petticoats', oder zu einer in warmem Gold leuchtenden Funkie, beispielsweise *Hosta* 'Sun Power'.

Die Gräser in dieser Farbgruppe variieren stark in ihren Bedürfnissen; es lohnt sich daher nachzuforschen und sämtliche im Handel erhältlichen Arten gründlich auszukundschaften, damit Sie sich für ein Gras entscheiden können, dem Ihre Bedingungen entsprechen. Manche vertragen einiges an Trockenheit, andere ziehen feuchtere Verhältnisse vor. Manche sind im Frühjahr und Frühsommer am intensivsten gefärbt, andere erreichen ihren farblichen Höhepunkt im Spätsommer und Herbst. Im Großen und Ganzen gedeihen blaue wie graue Gräser in voller Sonne am besten. Manche tolerieren leichten Schatten, doch wie bei so vielen Ziergräsern ist auch bei diesen die Färbung bei wenig Licht auch weniger ausgeprägt.

Kühle benachbarte Farben sind ein vorteilhafter Hintergrund für den beliebten Blauschwingel *Festuca idahoensis* 'Siskiyou Blue', hier im Verein mit einer tief violetten Schwertlilie *(Iris barbata)*.

Festuca glauca

Helictotrichon sempervirens

Juncus patens 'Occidental Blue'

Besonders empfehlenswert

Blau- und Grautöne

Festuca glauca
Blauschwingel
15–20 cm hohes, dichtes borstiges Polster feiner blaugrüner oder graugrüner Blätter. Blaugrüne Blütenrispen auf 30–45 cm hohen Stielen im Frühsommer; nach der Blüte vorsichtig scheren, um diese zu entfernen und die Pflanze in Form zu bringen. Volle Sonne (in sehr heißen Gebieten auch lichten Schatten); normalen, durchlässigen Boden. Extrem winterhart.

Helictotrichon sempervirens
Blaustrahlhafer
30–45 cm hohe, dichte Horste schmaler, blaugrauer Blätter, die in milden Klimagebieten immergrün, in kalten halbimmergrün sind. Frühsommerliche grünliche bis beige, an Hafer erinnernde Blütenrispen stehen auf 90–120 cm hohen Stielen. Volle Sonne; fruchtbaren, durchlässigen Boden. Extrem winterhart.

Juncus patens
Binse
45–60 cm hohe, immergrüne Horste spitz aufragender graugrüner Halme. 'Occidental Blue' ist sehr blau gefärbt. Sonne bis lichten Schatten; feuchten bis nassen, nährstoffreichen Boden. In geschützter Lage winterhart.

Koeleria glauca
Blaugrüne Kammschmiele (Schillergras)
15–30 cm hohe immergrüne, dichte blaugrüne Blattbüsche. Volle Sonne; normalen bis nährstoffarmen, durchlässigen Boden. Winterhart.

***Panicum virgatum* 'Cloud Nine'**
Rutenhirse 'Cloud Nine'
120–180 cm hoher aufrechter Horst graugrüner, im Herbst goldgelber Blätter. Volle Sonne bis lichten Schatten; anpassungsfähig, toleriert trockenen bis nassen Boden. Extrem winterhart.

***Schizachyrium scoparium* 'The Blues'**
Felssteppen-Bartgras 'The Blues'
Auch unter dem Artnamen *Andropogon scoparius*; 120–150 cm hoher Horst meist aufrechter, silbrig blauer Halme und Blätter färbt sich im Herbst orange bis fuchsrot. Volle Sonne (toleriert lichten Schatten); gute Trockenresistenz, am besten auf frischem, durchlässigem Boden. Extrem winterhart.

***Sorghastrum nutans* 'Sioux Blue'**
Goldbartgras 'Sioux Blue'
120–150 cm hoher aufrechter Horst auffällig blaugrüner Blätter, die sich im Herbst gelb und im Winter bleich färben. Volle Sonne (toleriert lichten Schatten); gedeiht am besten auf frischen Böden; eingewachsene Pflanzen trockenresistent. Extrem winterhart.

Komposition in Blau

Blaue Gräser sind herrlich wandelbar: Mit zartem Rosa und Gelb verleihen sie jeder Saison pastelligen Charme, leuchtendes Rot und Gelb ergänzen sie zu einem dynamischen Trio von Primärfarben.

Dieses Arrangement im Elisabeth C. Miller Botanical Garden in Seattle ist eine raffinierte Kombination von leuchtend blauem Schwingelgras *Festuca idahoensis* 'Siskiyou Blue' mit dem Laub des Fingerstrauches *(Potentilla fruticosa)* in gedämpftem Blaugrün und den rosig-violetten Blüten der hohen Ziest-Sorte *Stachys macrantha* 'Superba'. Die Kombination lockt zu Beginn der Saison mit reizvoll kontrastierenden Texturen, wenn der borstige Idaho-Schwingel zwischen dem fein geschnittenen Laub des Fingerstrauches und einem Meer rosa-violetter Blüten hervorschaut.

Mit fortschreitendem Sommer verbleichen die Samenstände des Schwingels; scheren Sie nun das Gras sanft zurück, um die störenden hellen Halme zu entfernen und die Pflanze in Form zu bringen. Teilen Sie Schwingel alle zwei bis drei Jahre, damit er gleichmäßig austreibt und seine Leuchtkraft beibehält.

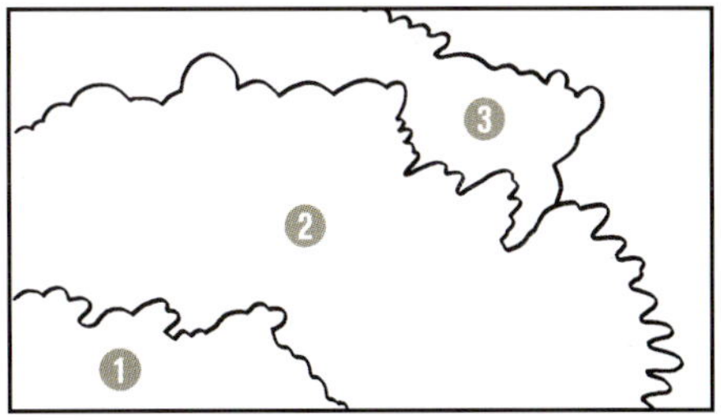

1. *Potentilla fruticosa* (Fingerstrauch)
2. *Festuca idahoensis* 'Siskiyou Blue' (Blauschwingel)
3. *Stachys macrantha* 'Superba' (Ziest)

Die Farben des Schattens

Zu den außergewöhnlichsten unter den vielen Grasfarben zählen die dunklen Töne, von Rubinrot bis zu beinahe reinem Schwarz. Diese erstaunlichen Pflanzen sind für unvergessliche Kombinationen in sämtlichen Gartenbereichen von unschätzbarem Wert, sollen sie nun Pflanzpartner unterstreichen oder selbst der Star im Garten sein.

Zarter Adel

Man sollte nicht vergessen, dass etliche der schönsten roten und maronenfarbenen Gräser absolut keinen Frost vertragen. Das soll jedoch nicht heißen, dass nur Gärtner in frostfreien Gebieten sich an diesen erstklassigen Selektionen erfreuen könnten. Violettes Federborstengras *Pennisetum setaceum* 'Rubrum' beispielsweise ist immer häufiger im Gartencenter zu finden – gewöhnlich bei den Sommerstauden –, und so pflanzen wir es, erfreuen uns ein ganzes Jahr daran und erstehen im darauf folgenden Frühjahr eine neue Jungpflanze.

Das Aufspüren anderer dunkellaubiger Gräser kann schon etwas mühseliger sein; es lohnt sich also, sie im Topf zu ziehen und den Winter über im Haus unterzustellen. Sie setzen hervorragende vertikale Akzente im Container-Garten und vertragen sich gut mit anderen frostempfindlichen Mehrjährigen, wie dem Blumenrohr *(Canna*-Hybriden), Eisenkraut *(Verbena* spp.) und Süßkartoffeln *(Ipomoea batatas*-Sorten).

Überragend wirken dunkellaubige Gräser in früh- bis spätsommerlichen Beeten, wenn Sommerblumen und Stauden in glühenden Farben prangen. Klares Orange, brennendes Scharlach, glühendes Karmesin und Postauto-Gelb – zu allen passen die rot-, kastanien- und schwarzlaubigen Gräser. Anders als grünes Gras, welches den Kontrast zwischen leuchtend bunten Blumen noch intensivieren kann, bilden dunkle Sorten einen ruhigen Hintergrund, einen Ruhepol für den schweifenden Blick, bevor er sich der nächsten strahlenden Blüte zuwendet. Dunkle Gräser, in einer farbstarken Rabatte verteilt, verknüpfen die Pflanzung zu einer Einheit, wie bunt gemischt die übrigen Farben auch sein mögen.

Auch in stilleren Zusammenstellungen wirkt dunkles Graslaub elegant. Wunderschön ist maronenbraunes Lampenputzergras *(Pennisetum* spp.) zu vielerlei rosafarbenen Blüten und zu den Farben des Sonnenuntergangs – Pfirsich-, Korallen- und Rostrot. Auch nimmt es die dunkle Blütenmitte von Gelbem Sonnenhut *(Rudbeckia* spp.) sehr hübsch auf.

Was Blattschmuckpflanzen betrifft, so lassen sich rote, kastanienbraune und schwarze Gräser mit den unterschiedlichsten Farben kombinieren. Besonders spektakulär wirken sie vor silbrigem Laub, wie Eselsohren (Wollziest, *Stachys byzantina)* und Edelraute *(Artemisia* spp.). Pflanzen mit mandelgrünem Laub – goldenes Mutterkraut *Chrysanthemum parthenium* 'Aureum' und goldenes Pfennigkraut *Lysimachia nummularia* 'Aurea', um nur einige zu nennen – sind ebenfalls perfekte Begleiter für dunkle Gräser.

Da es sich bei vielen der grasartigen Pflanzen in diesem Farbbereich nicht wirklich um Gräser handelt, lassen sich ihre Ansprüche nicht einfach über einen Kamm scheren. Ein den meisten gemeinsames Merkmal ist jedoch ihre Vorliebe für reichlich Sonnenlicht. In zu schattiger Lage verblassen rote und violette Pigmente hinter dem Blattgrün; der Gesamteindruck ist ein schmutzig wirkendes Grün. Im Übrigen lassen sich diese Gräser an einem dunklen Platz überhaupt nicht gebührend würdigen.

Setzen Sie dunkle Graspflanzen in Ihrem Garten nach Möglichkeit vor einen helleren Hintergrund, oder assoziieren Sie sie mit leuchtend bunten Blüten oder kontrastierendem Laub.

Eine unübersehbar düstere Komposition aus samtdunklem Federborstengras *Pennisetum setaceum* 'Rubrum', Lavendel und Neuseeländer Flachs *Phormium* 'Baby Bronze' stellt die Verbindung zwischen der *Miscanthus*-Gruppe im Hintergrund und dem Reiherfedergras *(Nassella tenuissima)* im Vordergrund her.

Imperata cylindrica var. *koenigii* 'Red Baron'

Pennisetum setaceum 'Rubrum'

Uncinia rubra

BESONDERS EMPFEHLENSWERT

DUNKELLAUBIGE GRÄSER

***Imperata cylindrica* var. *koenigii* 'Red Baron'**
Blutrotes Alang-Alang-Gras
30–45 cm hohe aufrechte Blätter in einem sich langsam ausbreitenden Horst sprießen im Frühjahr grün mit roten Spitzen, färben sich bis zum Spätsommer/Herbst vollkommen rot und im Herbst kupferfarben. Volle Sonne (beste Ausfärbung!) bis lichten Schatten; frischen durchlässigen Boden. Winterhart.

***Pennisetum* 'Burgundy Giant'**
Federborstengras 'Burgundy Giant'
120–150 cm hoher Horst aufrechter Halme mit breiten, überhängenden, dunkelrotvioletten Blättern. Volle Sonne; frischen, jedoch durchlässigen Boden. Sehr frostempfindlich (einjährig ziehen).

***Pennisetum setaceum* 'Rubrum'**
Purpurviolettes Federborstengras 'Rubrum'
Auch unter den Sortennamen 'Atrosanguineum', 'Cupreum' und 'Purpureum' im Handel; der überhängende, glänzend violettrote Blätterbusch wird 90–120 cm hoch. Volle Sonne; frischen, jedoch durchlässigen nährstoffreichen Boden. Sehr frostempfindlich (einjährig ziehen).

***Saccharum officinarum* 'Pele's Smoke'**
Zuckerrohr 'Pele's Smoke'
Dunkelrotviolette überhängende Blätter an kräftigen, aufrechten, nahezu schwarzen Halmen mit cremefarbenen Nodien; frostfrei gezogen erreicht die Pflanze eine Höhe von 3–4,5 m, sonst gewöhnlich 1,80–2,50 m. Volle Sonne; anpassungsfähig, bevorzugt jedoch frischen, durchlässigen Boden. Sehr frostempfindlich (einjährig ziehen).

Uncinia rubra
Auch unter der Bezeichnung *Uncinia uncinata* 'Rubra'; 30 cm hohe dichte Horste glänzender, dunkelbronzeroter ausdauernder Blätter; dunkelbraune Blüte in der zweiten Sommerhälfte. Volle Sonne; normalen bis frischen Boden. Frostempfindlich.

Sattes Rot

Nur wenige Zierpflanzen warten mit rotem Laub auf, und so sind die Ausnahmen unschätzbarer Bestandteil der Gartenpalette.

Absolut nichts für Nervenschwache ist der Neuseeländer Flachs *Phormium* 'Maori Maiden', der an jedem Standort einen fesselnden Mittelpunkt bildet. Im Strybing Arboretum in San Francisco findet sich diese kunstvolle Gruppierung mit reizvollen, jedoch weniger auffälligen Begleitgräsern, darunter das Pampasgras *Cortaderia selloana* 'Monvin', sowie kleinen leuchtenden Blühern (Mohn und Sauerklee), welche den zentralen Fokus der Gartenszene unterstreichen. Überwintern Sie den Flachs frostfrei oder verwenden Sie an seiner Stelle ein frosthartes rotlaubiges Gras, etwa das rote Alang-Alang-Gras *Imperata cylindrica* var. *koenigii* 'Red Baron'.

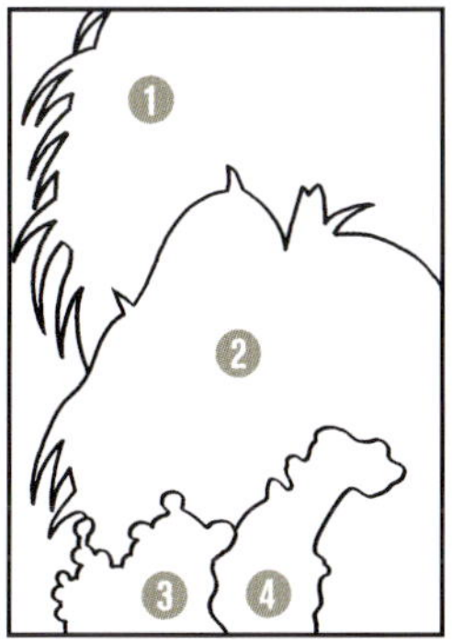

1. *Cortaderia selloana* 'Monvin' (Pampasgras 'Monvin')
2. *Phormium* 'Maori Maiden' (Neuseeländer Flachs 'Maori Maiden')
3. *Papaver commutatum* 'Ladybird' (Mohn)
4. *Oxalis spiralis* (Sauerklee)

In der Abwechslung liegt Vielfalt

Gestreifte Gräser sind die perfekte Wahl, um einen Garten so richtig zum Funkeln zu bringen. Diese unübersehbaren bunten Gesellen kontrastieren schön mit schlicht grünem Gras, doch sind sie eine ebenso elegante Begleitung für Blühpflanzen. Besonders wirkungsvoll harmonieren Blütenfarben, welche die gelbe beziehungsweise weiße Zeichnung des Grases aufnehmen.

Ein paar Tipps

- Halten Sie regelmäßig Ausschau nach grünen Trieben in Ihrem bunten Gras, und entfernen Sie diese sogleich. Diese häufig weit wüchsigeren Brüder können im Nu den ganzen Horst ausmachen. Die geringere Wüchsigkeit bunt gezeichneter Gräser lässt sich aber auch zum eigenen Vorteil nutzen: Gestreifte Gräser breiten sich im Allgemeinen langsamer aus als ihre grüne Verwandtschaft und sind dadurch bei begrenztem Raum leichter unter Kontrolle zu halten.

- Pflanzen Sie gestreifte Gräser nicht nebeneinander, es sei denn, sie unterscheiden sich deutlich in Farbe, Textur oder Form. Anderenfalls jedoch verschmelzen sie optisch, und die Aussagekraft der Einzelpflanze geht verloren, wenn sie mit kontrastierendem Laub oder bunten Blüten herausgestellt wird.

Bei Gräsern konzentriert sich die Vielfarbigkeit meist auf Längsstreifen, häufig entlang der Kanten oder der Mittelrippe; bei manchen Sorten jedoch handelt es sich um schmale Querstreifen auf den Blättern. Manche Gräser weisen eine deutliche Veränderung dieser Zeichnung im Laufe der Wachstumsperiode auf. Zebragras *(Miscanthus sinensis* 'Zebrinus') und Palmwedelsegge *Carex muskingumensis* 'Oehme' beispielsweise sprießen meist in purem Grün und bilden ihre Streifen im späten Frühjahr oder Frühsommer aus. Weißbuntes Pfahlrohr *Arundo donax* 'Variegata' trägt im Frühjahr leuchtend weiße Streifen, die bis zur Sommermitte cremefarben nachdunkeln. Niedrige Temperaturen in Frühjahr und Herbst können die Blätter des Rohrglanzgrases *Phalaris arundinacea* 'Feesey' rosa färben.

Diese sprühenden Sorten sind nicht nur dramatische Landschaftselemente, sondern ebenso hervorragende Zutaten zu gemischten Pflanzungen mit Stauden, Sommerblumen, Zwiebeln und Sträuchern. Vor dunkleren Farben bilden leuchtend weiß oder gelb gestreifte Gräser einen augenfälligen Blickfang, und ein mehrfarbiges Gras kann das Farbmotiv beispielsweise eines weißen Gartens hervorragend unterstreichen. Kombinieren Sie zum Beispiel *Miscanthus sinensis* 'Rigoletto' mit weißen Margeriten und einer weißen Spinnenblume *(Cleome* sp.), oder stellen Sie damit weiß lackierte Gartenarchitektur heraus, etwa einen Staketenzaun, ein Rankgerüst oder eine Laube.

Die goldene Unbegrannte Trespe *Bromus inermis* 'Skinner's Gold' trägt elegante goldgestreifte Blätter mit feiner Zeichnung in Dunkel- und Hellgrün. (Elizabeth C. Miller Botanical Garden, Seattle, Washington)

Vielfarbige Gräser bieten sich als logischer Angelpunkt monochromatischer Kombinationen an; so ergänzen gelb gezeichnete Sorten gelbe Blüten ganz ausgezeichnet. Die hellgelben Streifen des Chinaschilfs *Miscanthus sinensis* 'Pünktchen' etwa nehmen raffiniert das zarte Gelb der Mädchenaugenblüten von *Coreopsis verticillata* 'Moonbeam' auf.

Die meisten mehrfarbigen Gräser färben sich am schönsten in ganztägiger leichter Schattenlage oder bei Morgensonne und nachmittäglichem Halbschatten. Zu starkes Sonnenlicht kann weiße Streifen braun versengen, vor allem auf eher trockenem Boden. Tiefer Schatten dagegen kann ein gestreiftes Gras mehr oder weniger vollkommen vergrünen lassen. Bei Unsicherheit, wie sich ein bestimmtes buntes Gras an der vorgesehenen Stelle verhalten wird, empfiehlt sich eine Kübelpflanzung für eine Saison. Bei nicht so gutem Erfolg wechseln Sie den Standort.

Bereits ohne seine charakteristischen Federblüten bringt das Pampasgras *Cortaderia selloana* 'Silver Comet' Licht und Leichtigkeit in diese tropisch anmutende Komposition mit Sumpfeibisch *(Hibiscus moscheutos)*, Blumenrohr *(Canna* sp.), Wasserdost *(Eupatorium maculatum)* und Taro *(Colocasia)* (im Uhrzeigersinn von hinten).

Acorus gramineus 'Ogon'

Miscanthus sinensis 'Strictus'

Miscanthus sinensis
var. *condensatus* 'Cosmopolitan'

Besonders empfehlenswert

Gestreifte Gräser

Acorus gramineus **'Ogon'**
Goldkalmus 'Ogon'
15–30 cm hoher, teils bis vollkommen immergrüner Horst leuchtend gelber Blätter mit wenigen grünen Streifen; unauffällige Blüte. Lichten Schatten; frischen bis feuchten Boden. Winterhart.

Carex morrowii **'Variegata'**
Weißbunte Japansegge
Sammelname für sämtliche gestreiften Sorten; Unterschiede sind daher möglich. 30 cm hoher Horst schmaler Blätter mit weißen Kanten; immergrün außer in sehr kalten Gegenden. Viele andere schön gestreifte Sorten sind im Handel. Halbschatten; toleriert normale Gartenerde, bevorzugt jedoch feuchten, nährstoffreichen Boden. Sehr winterhart.

Carex phyllocephala **rötlich-violetter 'Sparkler'**
Segge 'Sparkler'
60–90 cm hoher aufrechter bis leicht überhängender Horst rötlich violetter Halme mit grünen Blättern in Quirlen; die Blattränder und manchmal die Blätter sind breit sahneweiß gestreift. Im Sommer stehen Büschel bräunlicher Blütenähren auf den Halmen. Volle Sonne bis Halbschatten; frischen, nährstoffreichen Boden. Frostempfindlich.

Miscanthus sinensis **'Strictus'**
Stachelschweingras
120–180 cm hoher aufrechter Horst grüner, hellgelb gebänderter Blätter, die sich zum Winter rehbraun färben. Das Zebragras *M.s.* 'Zebrinus' hat stärker überhängendes Laub und ist empfindlicher. Volle Sonne bis lichten Schatten; normalen bis frischen Boden. Eingewachsen sehr winterhart.

Miscanthus sinensis
var. *condensatus* 'Cosmopolitan'
Chinaschilf 'Cosmopolitan'
150–180 cm hoher Horst überhängender, dunkelgrüner beige-weiß geränderter Blätter, sie sich zum Winter rehbraun färben. *M. sinensis* 'Variegatus' hat breitere weiße Ränder, muss jedoch meist aufgebunden werden. Volle Sonne oder lichten Schatten; normalen bis frischen, durchlässigen Boden. Eingewachsen winterhart.

Phalaris arundinacea **"'Dwarf Garters'"**
Kleines Rohrglanzgras 'Dwarf Garters'
Auch unter dem Namen 'Wood's Dwarf'; 30 cm hoher, leicht wuchernder Horst aufrechter grüner, weiß längsgestreifter Blätter; Blätter und Halme im Frühjahr oft rosa getönt. Volle Sonne bis Halbschatten; anpassungsfähig, bevorzugt jedoch frischen, nährstoffreichen Boden. Extrem winterhart.

Eine bunte Gesellschaft

Nach einem Entwurf von Steven Antonow sind in diesem Garten in Seattle unübersehbare Blattschmuckpflanzen mit Kräutern und Gemüse zu einer Komposition zusammengestellt, bei der sich Augenschmaus zu Gaumenfreuden gesellt.

Der zwischen zurückhaltenderen Begleitern hervorbrechende leuchtende Gelbbunte Buschbambus *(Pleioblastus viridistriatus)* fordert unsere Aufmerksamkeit, doch bei näherem Hinsehen wird ein vielschichtiges Wechselspiel von Blatttexturen und Farben deutlich: das rubinrot gestreifte paddelförmige Laub des Blumenrohrs *Canna* 'Durban', der mooskrause Grünkohl *(Brassica oleracea)*, die glänzende Zwergdahlie Dahlia 'Redskin' sowie die graugrünen seerosenartigen Blätter der Kapuzinerkresse *Tropaeolum majus* 'Apricot Twist'. Selbst wenn später die leuchtenden Blütenjuwele von *Canna* und Kapuzinerkresse Farbe ins Bild bringen, bleibt der Bambus Star der Vorstellung. Setzen Sie ihn jedoch nicht direkt in den Boden: wie die anderen Pflanzen auch wächst er gut im Container.

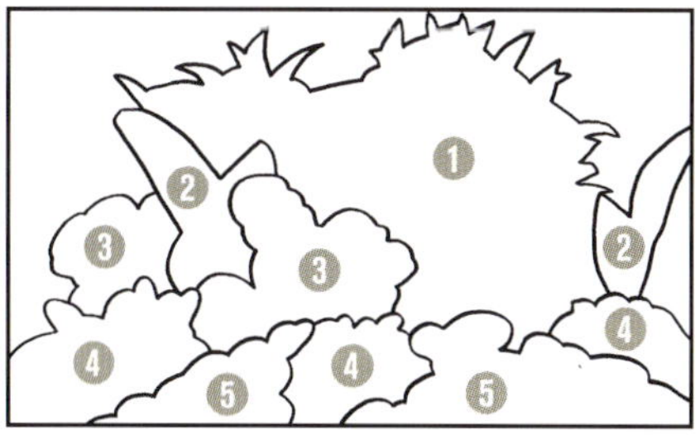

1. *Pleioblastus viridistriatus* (Gelbbunter Buschbambus)
2. *Canna* 'Durban' (Indisches Blumenrohr)
3. *Brassica oleracea* (Grünkohl)
4. *Dahlia* 'Redskin' (Dahlie)
5. *Tropaeolum majus* 'Apricot Twist' (Rankende Kapuzinerkresse)

BUNTE ÜBERRASCHUNGEN

Bei Gräsern sollten Sie grundsätzlich mit dem Unerwarteten rechnen. Die größte Freude werden Sie an diesen vielseitigen Pflanzen haben, wenn Sie, über die Faszination durch Gartenblumen hinaus, die einzigartigen Besonderheiten der Ziergräser schätzen lernen: Interessantes Laub, attraktive Halme sowie vielfältige, häufig ungewöhnliche Blütenfarben.

Diese unübersehbare Gartenkomposition macht sich die Wirkung von Komplementärfarben zunutze: Gartensandrohr *Calamagrostis* x *acutiflora* 'Karl Foerster' reckt seine goldenen Blütenähren zwischen leuchtend violettem Mönchspfeffer (*Vitex agnus-castus,* hinten) und Lavendel (vorn) empor.

Bisher wurden in diesem Kapitel die verschiedenen buntlaubigen Gräser gefeiert – gold- und bronzefarben, blau und grau, rot und schwarz sowie bunt gestreift –, die sämtlich als wertvolles Instrument zur Integrierung ähnlich gefärbter Begleiter dienen oder aber fesselnde Blickpunkte setzen. Farbige Gräser können uns aber ebenso als Ergänzung oder Kontrast zu Gartenarchitektur erfreuen – Zäune, Lauben, Gartenkunst. Weiß gestreiftes Gras, wie etwa das Chinaschilf *Miscanthus sinensis* 'Variegatus', beeindruckt neben einem weißen Staketenzaun und nimmt raffiniert weiße Akzente an Haupt- und Nebengebäuden auf. Wer das Farbabenteuer liebt, dem bieten sich zahllose Möglichkeiten für außergewöhnliche Kontraste. Stellen sie sich ein fein gearbeitetes Mosaik-Vogelbad auf einem Untergrund aus Schwarzem Schlangenbart *(Ophiopogon planiscapus* 'Nigrescens') vor oder eine kobaltblaue Gartenkugel inmitten von leuchtend gelbbuntem Wiesenfuchsschwanz *Alopecurus pratensis* 'Variegatus'. Selbst mit „schlichtem" grünem Gras lassen sich wunderbare Wirkungen erzielen, z. B. als kräftige Silhouette vor einer weißen Wand oder als fröhliche Ergänzung für einen knallroten Steg.

Auch wenn die Blüten- und Samenstände der Gräser nicht im klassischen Sinne prächtig sind, sollten sie doch in die Planung von Farbeffekten einbezogen werden. Ihre Farben rangieren von Grün, Rehbraun, Braun und Rostrot bis hin zu wenigen Rosa- und Violetttönen und Gelb. Die Farbe wechselt mit fortschreitender Jahreszeit meist grundlegend, während die Blüte fruchtet, reift und schließlich die Saat verstreut. Wenn Sie ein Gras so platzieren, dass die auf- oder untergehende Sonne die Blüte seitlich oder von hinten durchleuchtet, wird deren ganze ziselierte Schönheit sichtbar:

Das waagerechte Licht verwandelt alltägliches Grau in Silberglanz, Braun in leuchtende Bronze und Rehbraun in schimmerndes Gold.

Auch der Grashalm ist von zartem, leicht übersehenem Reiz. Da Stängel meist von Blättern verdeckt werden, ist ihr Beitrag zum Garten im Großen und Ganzen recht subtil. Wer jedoch mit fein abgestimmten Pflanzkompositionen auf elegante Farbwirkungen aus ist, kann mit der Farbe der Halme ungeahnte Wirkung erzielen. Schauen Sie beispielsweise einmal das Felssteppen-Bartgras *Schizachyrium scoparium* 'The Blues' genauer an, so werden Sie entdecken, dass die Halme ausgesprochen hübsch blaurosa gestreift sind. Diese unerwartete Farbkombination können Sie betonen, indem Sie das Gras hinter ein Büschel Herbstkrokusse *(Colchicum)* oder neben eine rosa blühende Herbst- oder Winteraster setzen. Ein weiteres Gras mit interessanten Halmen ist der hohe Regenbogenschwingel *Festuca amethystina* 'Superba', der seine Blüten auf

Farbeffekte lassen sich auch kreieren, indem man Gartenornamente gegen dramatische Pflanzen ausspielt. Hier leuchtet die goldene Bowles' Steifsegge *Carex elata* 'Aurea', und das lebhafte Magenta des Storchschnabels *(Geranium)* bringt die Komposition zusätzlich zum Funkeln.
(Garten von Linda Cochran, Bainbridge Island, Washington)

Mit seinen ungewöhnlich gemusterten Halmen wird *Elegia capensis,* aus der Familie der Seilgrasartigen, zum Mittelpunkt jedes Gartenbildes. Ihre Farben verbinden sich mit leuchtenden Stauden, hier dem Blutroten Storchschnabel *(Geranium sanguineum),* zu einem unvergesslichen Szenarium. (Elisabeth C. Miller Botanical Garden, Seattle)

nachhaltig violettrosa getönten schlanken Stielen trägt.

Unbedingt zu erwähnen sind an dieser Stelle die Bambusarten, deren auf ganzer Länge von deutlichen Knoten gezierte schöne Halme grasgrün, sonnengelb, puderblau und sogar kohlschwarz glänzen. Doch selbst der treueste Bambus-Fan wird zugeben, dass von diesen besonders in warmem, luftfeuchtem Klima ausbreitungsfreudigen Gesellen keine friedliche Koexistenz mit weniger wuchernden Partnern zu erwarten ist. In Europa ist dieses Problem sicher weniger ausgeprägt. Viele Arten nehmen das Container-Dasein außerdem gut hin, so dass Sie frei entscheiden können, wie Sie pflanzen. Derart eingeschränkt fehlt ihnen allerdings der Raum, ihre Schönheit zu voller Entfaltung zu bringen, und oft ist häufiges Teilen und Umtopfen notwendig.

Eine weitere Gruppe grasartiger Pflanzen, die ihrer interessanten Halme sowie auffälliger Textur wegen für den Garten in Betracht kommen, sind die Mitglieder der *Restionaceae.* Die Familie der Seilgrasartigen ist mit Echten Gräsern nicht sehr nah verwandt, doch wie Seggen und Binsen ähneln die Pflanzen äußerlich dem Gras und lassen sich ähnlich im Garten einsetzen.

Seilgrasartige entstammen der südlichen Hemisphäre, unter anderem Australien und Neuseeland, doch die südafrikanischen Spezies finden wohl die meiste Beachtung. In ihrem Aussehen gibt es große Unterschiede: Manche wirken aus der Ferne wie Süßgräser, andere wiederum ähneln eher Bambus oder Binsen. Alle jedoch sind zweihäusig, das heißt, männliche und weibliche Blüten wachsen an verschiedenen Pflanzen. Photosynthese findet in ihren verzweigten oder unverzweigten, aufrechten oder überhängenden grünen Stängeln statt; die Blätter sind zu ockerfarbenen, braunen, gelben, rostfarbenen oder fast schwarzen papierartigen Hochblättern reduziert. Im Sommer entspringen den Enden ausgewachsener Halme bräunliche Blütenstände, die oft bis in den Winter anhaften.

Die Erfahrungen mit idealen Kulturbedingungen sind noch nicht groß. Momentan wird eine wintermilde Umgebung für sie empfohlen; vielleicht werden wir jedoch bald feststellen, dass sie auch tiefere Temperaturen vertragen. Auch dachte man, dass diese Pflanzen volle Sonne und trockenen, durchlässigen Boden benötigen, doch viele passen sich gut an andere Verhältnisse an. Als Kübelpflanzen sind sie ideal.

Besonders empfehlenswert

Farbenspiel

Phormium tenax
Neuseeländer Flachs
Schwertförmige immergrüne Blätter rangieren von 60–120 cm. Viele Sorten in unterschiedlichsten Farben und Farbkombinationen, darunter als Klassiker der gelb-grüne 'Yellow Wave' und der düstere, dunkelviolette 'Platt's Black'. Die kompakte, 60 cm hohe Sorte 'Duet' trägt gold-grünes Laub. *Phormium cookianum* 'Flamingo' trägt olivgrüne Blätter mit unglaublichen rosa und korallenrosa Streifen. Ausgezeichnete Kübelpflanze. Volle Sonne; normalen, durchlässigen Boden. Frostempfindlich.

Themeda japonica
Japanische Themeda
90–120 cm hoher breiter Horst behaarter Halme mit leuchtend grünen Blättern, die im Herbst ein erstaunliches Rot-Orange annehmen und bis weit in den Winter eine kupfrige Färbung halten. Volle Sonne; normalen, durchlässigen Boden. Extrem winterhart.

***Alopecurus pratensis* 'Variegatus'**
Goldfuchsschwanz
30 cm hohe dichte Büschel schmaler, grasgrüner, längs gelb gestreifter oder vollkommen gelber Blätter. Färbt bei kühler Witterung am schönsten aus; kurz vor der Blüte auf gut die Hälfte zurückgeschnitten, treibt er zum Herbst frisch aus. Blütenstände unbedingt vor der Reife abschneiden, um zahlreiche grüne Sämlinge zu verhindern. Volle Sonne bis lichten Schatten; frischen Boden. Sehr winterhart.

Eragrostis spectabilis
Liebesgras
Bis 45 cm hoher Horst überhängender feiner, grüner Blätter; trägt im Spätsommer Wolken verzweigter, rötlich-violetter Blütenrispen. Kann kurzlebig sein, versamt sich jedoch reichlich. Volle Sonne; normalen, durchlässigen Boden. Sehr winterhart.

***Pennisetum alopecuroides* 'Moudry'**
Australisches Lampenputzergras, Federborstengras 'Moudry'
60 cm hoher dichter Horst überhängender, glänzend grüner Blätter, die sich im Herbst meist gelb oder orange färben. Trägt im Spätsommer borstige, ährenartige, dunkel rotschwarze bis fast schwarze Blütenstände auf meterhohen Halmen. Volle Sonne bis lichten Schatten; bevorzugt frischen, durchlässigen Boden, jedoch anpassungsfähig. Winterhart.

Alopecurus pratensis 'Variegatus'

Eragrostis spectabilis

Phormium 'Duet'

Exotische Kostproben

Diese ganz außerordentliche Komposition findet sich in San Franciscos Strybing Arboretum; sie illustriert hervorragend die Möglichkeiten dramatischer Texturen und außergewöhnlicher Farbeffekte. Unwiderstehlich ziehen die rot-grün gestreiften Blattschwerter des Neuseeländer Flachses *Phormium* 'Maori Maiden' den Blick in die Rabattenmitte. Rechts und links davon setzen sattgrüne Sabalpalme *(Serenoa repens)* und silbrig-blaue Palmlilie *(Yucca* sp.) einen Farbkontrast und unterstreichen gleichzeitig die Textur. Das hellere Grün von *Anemanthele lessoniana* im Vordergrund und das Seilgrasgewächs *(Cannomois virgata)* zur Rechten dienen ähnlichen Zwecken, doch mit Raffinesse: Schauen Sie, wie die rötlichen Hochblätter der *Cannomois*-Halme das strahlende Rot des Flachses aufnehmen.

Auf Frostverträglichkeit dieser Pflanzen ist jedoch nicht zu hoffen. In winterkalten Gebieten kann es sich lohnen, sie im Container zu ziehen und im Haus zu überwintern; eine andere Möglichkeit ist das Ersetzen durch kälteverträglichere Pflanzen von ähnlichem Aussehen. Am schwierigsten lässt sich dabei wohl für den exotischen *Cannomois* entsprechender Ersatz finden. Die roten Zweige des Weißen Hartriegels *(Cornus alba)* nähmen das Rot recht gut auf; die Selektion 'Gouchaultii', deren grünes Laub rosa und gelb panaschiert ist, würde die Mischung sogar noch interessanter machen.

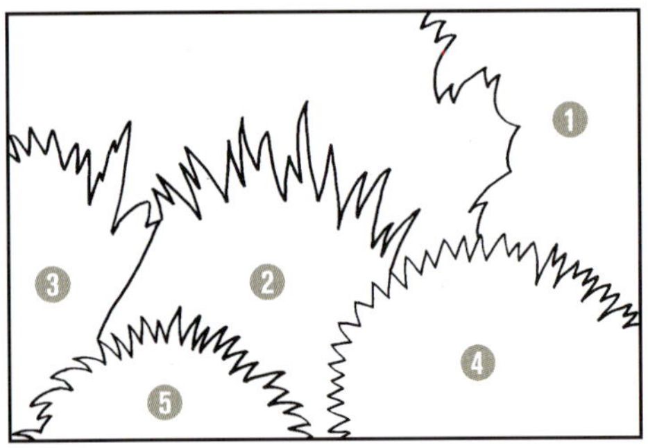

1. *Cannomois virgata* (Cannomois)
2. *Phormium* 'Maori Maiden' (Neuseeländer Flachs 'Maori Maiden')
3. *Serenoa repens* (Sabalpalme)
4. *Yucca* sp. (Palmlilie)
5. *Anemanthele lessoniana* (Anemanthele)

SCHÖNHEIT RUND UMS JAHR

Oben: Im Mittelpunkt dieser pastellfarbenen, frühsommerlichen Komposition stehen unter anderem Rosen, Blumenhartriegel und Chinaschilf *Miscanthus sinensis* 'Morning Light'.

Gegenüber: In dieser sommerlichen Rabatte wird nicht nur die Textur, sondern auch die intensive Blatt- und Blütenfärbung des Purpurvioletten Federborstengrases *Pennisetum setaceum* 'Rubrum' ganz ausgezeichnet von rosa blühender Spinnenblume *(Cleome)* und scharlachroter Indianernessel *(Monarda didyma)* ergänzt.

Mit Gräsern lässt sich buchstäblich jeder Teil der Gartenlandschaft beleben; sie verleihen Beeten und Rabatten Substanz und setzen dramatische Akzente. Wer um ihre Wandlungsfähigkeit weiß, erkennt bald, dass selbst ein bescheidenes Gras eine bemerkenswerte Aussagekraft haben kann.

Ziergräser gibt es in allen Formen und Größen, weshalb sich für jeden Gartenplatz eines finden lässt. So wächst zum Beispiel die niedrige, kupfrige Segge *Carex berggrenii* als kompakter Horst, gerade recht für ein winziges Eckchen, wogegen sich das riesige Pfahlrohr *Arundo donax* als imposant wuchernder Riese präsentiert, mit dem sich in weitläufigen Landschaften große Flächen füllen lassen. Da Gräser aller Größen ein Container-Dasein klaglos hinnehmen, können wir uns selbst auf engstem Raum an ihren Farben, ihrer Textur, ihrem Wogen und Rascheln erfreuen, und im Wassergarten geht nichts über den steif dastehenden Kalmus *(Acorus* spp.) oder die ungewöhnlich gezwirbelten Blätter des Wechselblättrigen Zyperngrases *(Cyperus alternifolius)*, eine zarte Ergänzung zu kräftigen, ausdrucksvollen Seerosen- und Lotusblüten.

Lernen Sie die vielen verschiedenen im Handel erhältlichen Ziergräser näher kennen und schauen Sie, wie sich diese mit anderen Gartenpflanzen kombinieren lassen – es wird Sie rasch drängen auszuprobieren, wie sie sich in Ihre eigenen Gartenpläne integrieren lassen. In diesem Kapitel wollen wir einige Bereiche erkunden, die eine ideale Bühne für Gräser abgeben, und aufzeigen, wie sich die vielseitigen Gewächse das ganze Jahr lang als skulpturaler oder farbiger Blickfang einsetzen lassen.

Beete und Rabatten einmal anders

Rückt zur Seite, Stauden und Sommerblumen – jetzt halten Ziergräser Hof in unseren Beeten und Rabatten! In der Erkenntnis, dass sie weit mehr denn Lückenbüßer sind, plant der forsche Gärtner die Gräser von Beginn an in seine Rabatten ein, mit bisweilen unerwartetem, immer jedoch spektakulärem Ergebnis.

Mehr als nur Schönheit

Neben ästhetischen Gesichtspunkten gibt es ausgezeichnete praktische Gründe, Ziergräser in Beete und Rabatten einzubringen:

- Spät grünende Gräser treiben erst bei sommerlichen Temperaturen richtig aus und sind so ideale Lückenfüller, wenn Frühlingszwiebeln sowie manche früh blühenden Stauden in der ersten Sommerhälfte einziehen.
- Kräftige Grashalme ersetzen den Stützstab, schwächlichere Beetgenossen können sich anlehnen und dazwischenwachsen – ein ebenso verführerisches wie Arbeit sparendes Prinzip.
- Niedrige bis mittelhohe Gräser verdecken perfekt die „kahlen Füße“ höherer Stauden, die im Laufe der Saison ihre untersten Blätter verlieren, darunter Indianernessel *(Monarda* spp.) und Gartenphlox *(Phlox paniculata)*, um nur zwei zu nennen.

Ziergräser gibt es in unterschiedlichsten Größen; daher lässt sich, von der Beetkante bis zum Rabattenhintergrund, für jeden Platz die ideale Variante finden. Farbe ist ein weiteres wichtiges Designelement, und hier lassen sich Gräser auf mehrere Weisen vorteilhaft einbringen. Wer einen zuverlässigen, ruhigen Hintergrund für eine eher luftige Blühpflanze sucht, kann mit dichten grünen Grashorsten eine schöne Bühne schaffen, etwa für die zierlichen Blüten der weißen Prachtkerze *(Gaura lindheimeri)*, die lichte Gelbe Skabiose *(Scabiosa ochroleuca)* oder stahlblaue Kugeldisteln *(Echinops ritro)*, die sich vor einem weniger klaren Hintergrund leicht verlieren. Kräftige Farben und stark gemusterte Blüten, wie die knallig roten Blütenteller der Brennenden Liebe *(Lychnis chalcedonica)* und die Farbkringel der Kokardenblume *(Gaillardia* x *grandiflora)*, setzen grünes Gras ebenso gut ab. Doch Gras kann auch seinen eigenen Farbbeitrag zur Rabatte beisteuern, und der Versuchung, sich von der erstaunlichen Vielfalt verführen zu lassen – von Gelb, Rot, Orange bis hin zu Braun, Blau oder gar gestreiften Effekten –, ist kaum zu widerstehen. In schrägem Licht werfen goldene, silberne, kupfer- oder bronzefarbene Blüten- und Samenstände einen geradezu metallischen Schimmer über die Gartenszenerie.

Gräser warten jedoch mit noch anderen Vorzügen auf als nur mit Farbe; vorrangig dabei Gestalt und Textur. Etliche Stammgäste unserer Rabatten sind von straff aufrechter oder aber rundlicher Silhouette; Gräser mit ihrem häufig auseinander lehnenden Habitus dienen hier als willkommene Überleitung. Und wenn Sie den dramatischen Kontrast zwischen feingliedrigem Gras und dem flächigen Laub von Funkien *(Hosta)*, Purpurglöckchen *(Heuchera)* und Blumenrohr *(Canna)* anschauen, um nur einige großblättrige Rabattenlieblinge zu nennen, so wird schnell klar, dass es zahllose erstklassige Kombinationsmöglichkeiten gibt.

Die spannendsten Veränderungen der reifenden Gräser fallen in die Sommermonate, genau in die Glanzzeit der meisten Rabatten, doch interessant sind sie auch zu unerwarteten Zeiten. Die Herbstfarben mancher spät grünender Gräser beispielsweise machen selbst prächtigsten laubabwerfenden Sträuchern und Bäumen Konkurrenz. Auch das Fuchsrot, Gold und Ocker ihres zurückhaltenderen

Rechts: Im Mittelpunkt dieses schlichten, doch herausragenden Arrangements steht die steif aufrechte kalifornische Binse *Juncus patens* 'Carman's Gray'; dazu ein Fächerahorn *(Acer palmatum)*, Zierlauch *Allium* 'Globemaster' und Ehrenpreis *Veronica* 'Trehane'.
(Garten von Linda Cochran, Bainbridge Island, Washington)

Wie stoppt man Kriechgräser?

Es lässt sich nicht leugnen: Grün-weiß gestreiftes Buntes Glanzgras *(Phalaris arundinacea* 'Picta') und blaugrüner Strandroggen *(Leymus arenarius)* wirken im Topf in der Gärtnerei ganz bezaubernd. Nehmen Sie eine solche Schönheit jedoch mit nach Hause und setzen Sie sie in der Rabatte frei, so werden Sie es bedauern! Im Englischen gibt es einen Spruch: „Im ersten Jahr ruht es, im zweiten kriecht es, im dritten ist es außer Rand und Band!“

Wollen Sie an einem wuchernden Gras sorglose Freude haben, so pflanzen Sie es in einen Topf oder bodenlosen Eimer und versenken diesen bis fast an den Rand im Boden. Lassen Sie vom Rand noch 2–3 cm aus der Erde schauen, damit die Ausläufer nicht darüber kriechen. Auch diese Methode ist nicht absolut sicher; halten Sie daher regelmäßig nach Ausreißern Ausschau. Wird es eng im Topf, so teilen Sie die Pflanze, topfen nur ein Teilstück wieder ein und sichern sich für weitere Jahre Ruhe.

winterlichen Farbenkleides sind uns willkommen, ebenso wie die anhaftenden Samenstände, die von Schnee und Eis in ständig wechselnde winterliche Skulpturen verwandelt werden. Früh grünende Gräser glänzen ebenfalls während der kühleren Jahreszeit, da sie die Lücke zwischen den letzten Herbststaudenblüten und den Vorfrühlingsblühern schließen.

Bei der Auswahl von Gräsern für Beete und Rabatten dürfen Sie nicht deren unterschiedliche Ausbreitungstendenzen über Ausläufer- oder Samenbildung vergessen. Es gibt einige wirklich herrliche Kriechgräser, doch wenn Sie diesen nicht bereits beim Einpflanzen Grenzen setzen, werden Sie den Tag verwünschen, da Sie sie auf Ihre Rabatte losließen.

Horstbildende und sich langsam ausbreitende Gräser verdrängen ihre Beetgenossen nicht so rasch, und doch finden sich hier manche, die sich durch überreiche Samenproduktion fast ebenso schnell verbreiten. Und nun stehen wir vor einem Dilemma: Schneiden wir die Samenstände im Herbst ab und verzichten auf die winterliche Szenerie, oder lassen wir sie stehen und jäten im folgenden Jahr die ganzen unerwünschten Sämlinge aus? In eingewachsenen Rabatten ist die zweite Lösung meist praktikabel, da die Samen dort relativ wenig offenen Boden vorfinden; mit einer frischen Mulchschicht im Frühjahr lässt sich die Zahl der Freiwilligen auf ein Minimum reduzieren. In einer Neuanlage mit reichlich nacktem Boden hingegen wird das Entfernen der Samenstände wohl die sinnvollere Lösung sein.

Die meisten Ziergräser passen sich willig an dieselben Bedingungen an, die den üblichen Rabattenstauden entgegenkommen: Volle Sonne bis lichten Schatten und durchlässigen, frischen Boden. Die Nährstoffansprüche jedoch unterscheiden sich. Während Rabattenstauden üblicherweise durch häufiges Düngen am Blühen gehalten werden, hat zu nahrhafter Boden bei Gräsern nicht selten überreichlichen, schlaffen Austrieb zur Folge. Als Lösung für neu angelegte Beete bietet sich an, auf Flächendüngung zu verzichten und stattdessen gezielt die Pflanzlöcher für die Stauden anzureichern. In den folgenden Vegetationsperioden mulchen Sie dann beispielsweise im Frühjahr mit Kompost und geben während des Sommers nur wenige oder niedrig dosierte Düngergaben, wenn Sie nicht sogar ganz darauf verzichten wollen. Natürlich könnten Sie auch die Staudenrabatte wie gewohnt düngen und die Gräser aufbinden oder aber im Frühsommer zurückschneiden, damit sie kompakter nachtreiben – es kommt lediglich darauf an, wie viel zusätzliche Mühe Sie investieren wollen.

Besonders empfehlenswert

Beete und Rabatten

***Carex dolichostachya* 'Kaga Nishiki'**
Japanische Brokatsegge 'Kaga Nishiki'
30 cm hoher Horst überhängender, schmaler goldgeränderter Blätter; außer im kältesten Teil des Kulturgebietes immergrün; frühsommerliche Blüte mit unauffälligen, ins Violette spielenden Ähren. Sonne bis Halbschatten; fruchtbaren, frischen Boden. Winterhart bis sehr winterhart.

Elymus magellanicus
Magellanblaugras
30 cm hoher dichter Horst silbrig-blauer Blätter, im Frühsommer mit an Weizen erinnernden blaugrünen Blütenähren auf 45 cm hohen Halmen. Volle Sonne; normalen, durchlässigen Boden. Sehr winterhart.

***Festuca idahoensis* 'Siskiyou Blue'**
Idaho-Schwingel 'Siskiyou Blue'
15–20 cm hohes Polster glänzend silbrigblauer Blätter. Blaugrüne bis ockerfarbene Blütenrispen stehen im Frühsommer auf 30 cm hohen Halmen. Volle Sonne bis lichten Schatten; normalen bis trockenen, durchlässigen Boden. Sehr winterhart.

***Miscanthus sinensis* 'Gracillimus'**
Chinaschilf 'Gracillimus', Feinhalmmiscanthus
150–180 cm hoher dichter Horst bogig überhängender, schmaler grüner Blätter mit oranger, gelber oder brauner Herbst- und rehbrauner Winterfärbung; in der zweiten Herbsthälfte pinselartige rötlichbraune Blütenstände auf 180–210 cm hohen Halmen (außer nach kühlen Sommern); färben sich zum Winter silberweiß und bleiben lange haften. Volle Sonne; normalen bis frischen, durchlässigen Boden. Sehr winterhart.

***Miscanthus sinensis* 'Morning Light'**
'Morning Light' miscanthus
120–150 cm hoher Horst aufrechter bis überhängender, schmaler, weißgeränderter grüner Blätter. Ab Spätsommer bis Frühherbst rötlichbraune, später cremeweiße pinselartige Blütenstände auf 150–180 cm hohen Halmen hoch über dem Laub. Volle Sonne bis lichten Schatten; normalen bis frischen, durchlässigen Boden. Sehr winterhart.

Festuca idahoensis 'Siskiyou Blue'

Miscanthus sinensis 'Gracillimus'

Miscanthus sinensis 'Morning Light'

EINE ELEGANTE RABATTE

Diese exquisite Rabatte der Gärtnerei Heronswood in Kingston, Washington, ist eine frühsommerliche Farbetüde, doch durch das wohlgewählte Gras bleibt ihre Schönheit auch dann noch erhalten, wenn die Blumen eine Blühpause einlegen. Goldenes Hakone-Gras *(Hakonechloa macra* 'Aureola') belohnt den Geduldigen mit sich langsam ausbreitenden, weit überhängenden Horsten leuchtend gelber, mit leichter Hand grün gezeichneter Blätter – eine charmante Ergänzung zu strahlend blauen Sumpfvergissmeinnicht *Myosotis scorpioides* 'Bill Baker', violettem Storchschnabel *Geranium* 'Nimbus' und silbernem Wollziest *(Stachys byzantina)*. Ein einziger Horst ist ein herrlicher Blickfang; in der Wiederholung verleiht das Gras der Rabatte mit seiner unverwechselbaren Farbe und fließenden Gestalt das ganze Jahr Geschlossenheit und ansprechenden Rhythmus.

Das winterharte Hakone-Gras toleriert in kühleren, feuchten Klimagebieten volle Sonne; in wärmeren Lagen erweist sich leichter Schatten als sinnvoll. Grundsätzlich ist frischer, humoser Boden am besten. Vielfältige beliebte Beetstauden gedeihen unter denselben Bedingungen hervorragend; es ist also ein Leichtes, dieses Thema nach eigenem Geschmack abzuändern.

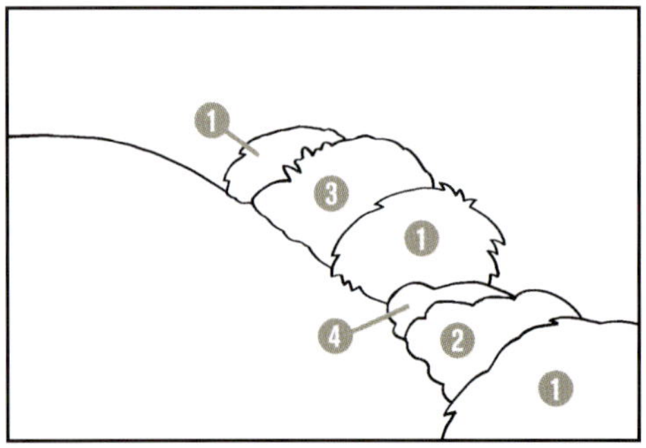

1. *Hakonechloa macra* 'Aureola' (Goldenes Hakone-Gras)
2. *Myosotis scorpioides* 'Bill Baker' (Sumpfvergissmeinnicht 'Bill Baker')
3. *Geranium* 'Nimbus' (Storchschnabel 'Nimbus')
4. *Stachys byzantina* (Wollziest)

Der Vorgarten

Neue Inspirationen für die Vorgartengestaltung? Planen Sie Ziergräser ein – pflegeleichtes, unverwüstliches Gras präsentiert zu jeder Jahreszeit ein anderes Gesicht, dazu unterschiedliche Farben, Höhen und Texturen. Als zusätzlichen Bonus überdeckt sein sanftes, charakteristisches Rascheln so einigen Straßenlärm.

Binnen- und Aussenwirkung

Bevor Sie sich aufmachen, Ihren gesamten Vorgarten mit Gräsern zu gestalten, sollten Sie einen Blick in die übrige Nachbarschaft werfen. In einer traditionellen Wohngegend mit formaler, immergrüner Bepflanzung sollten Sie Ziergräser anfangs sehr behutsam einsetzen – zunächst vielleicht nur ein einziges Chinaschilf *(Miscanthus)* als Akzent, mit der Zeit dann mehr und mehr Gräser in den Beeten. Haben Ihre Nachbarn gemischte Beete, so können Sie schon mutiger vorgehen. Ist der nächste Nachbar Kilometer entfernt, können Sie natürlich tun und lassen, was Sie wollen.

Wählen Sie Gräser, deren Proportionen Ihrem Haus und Garten entsprechen. Ein hoch aufragendes Pfahlrohr *(Arundo donax)* wirkt oft dramatisch, bei beengten Verhältnissen jedoch erdrückend. Bedenken Sie auch die Gestalt des Grases. Die klare Form des Chinaschilfs *Miscanthus sinensis* 'Gracillimus' wird häufig als weniger radikal empfunden als „natürlichere" Gestalten wie die Rasenschmiele *(Deschampsia cespitosa)*.

Verglichen mit den kugel- und würfelförmig gestutzten Immergrünen, die so häufig die Straßenansicht unserer Häuser bestimmen, haben Ziergräser eine weichere, natürlichere Gestalt, mit der sich harte Gebäudekanten geschickt verwischen und in die Gartenlandschaft einbinden lassen. Auch ist ein sanfterer Übergang von gepflegten Strauch- und Staudenrabatten zum geschorenen Rasen möglich.

Liegt vor Ihrem Grundstück zwischen Bürgersteig und Straßenkante ein Streifen öffentlichen Grüns, so erwägen Sie einmal eine Patenschaft für diesen oft langweiligen Rasenstreifen oder die kahlen Baumscheiben – niedrige Ziergräser als pflegeleichte Bepflanzung können hier eine gewaltige Verbesserung sein. Bevor Sie sich an eine solche Bepflanzung machen, sollten Sie sich allerdings mit Ihren Nachbarn besprechen und mit dem Amt für Grünflächen und Naturschutz Ihrer Stadt in Verbindung setzen, um sich nach etwaigen Vorschriften zu erkundigen.

Vorgärten sollen das ganze Jahr schön aussehen; wählen Sie also Gräser, deren Schönheit möglichst lange anhält. In diesem offenen Bereich ist es außerdem besonders wichtig, Gräser zu meiden, die sich rasant über Ausläufer oder Samen verbreiten: Ihr Nachbar wäre darüber sicher nicht glücklich.

Oben: Dieser überschwängliche Vorgarten in Seattle bezieht auch den Randstreifen zwischen Bürgersteig und Straße mit einem Teppich aus Stauden und Ziergräsern ein.

Gegenüber: Weiches Gras *Anemanthele lessoniana,* Blauschwingel *(Festuca glauca)* und Regenbogenschwingel *(Festuca amethystina)* teilen sich den Wegrand mit Purpursalbei *(Salvia officinalis* 'Purpurea'*)* und Bodendeckern.

Miscanthus sinensis 'Adagio'

Cortaderia selloana 'Pumila'

Calamagrostis x *acutiflora* 'Karl Foerster'

Besonders empfehlenswert

Vorgärten

***Calamagrostis* x *acutiflora* 'Karl Foerster'**
Gartensandrohr 'Karl Foerster'
Bis 90 cm hoher Horst glänzender, dunkelgrüner Blätter; ab Frühsommer schmale, rosa schimmernde, fedrige Blütenstände auf 120–180 cm hohen Halmen, die fast den ganzen Winter überdauern. Volle Sonne; toleriert normalen Boden, bevorzugt jedoch feuchte, nährstoffreiche Lagen. Sehr winterhart.

***Cortaderia selloana* 'Pumila'**
Zwerg-Pampasgras 'Pumila'
90 cm hoher, kompakter wintergrüner Horst aus bogig überhängendem grünem Laub; bringt im Spätsommer oder Frühherbst zahlreiche cremeweiße Blütenstände auf 120–180 cm hohen Halmen hervor. Volle Sonne bis lichten Schatten; anpassungsfähig, am besten jedoch auf nährstoffreichem, frischem Boden. Zum Winter zusammenbinden, mit Laub umschütten und gegen Nässe abdecken. Winterhart.

***Festuca glauca* 'Elijah Blue'**
Blauschwingel 'Elijah Blue'
15 cm hohes, dichtes Polster hell silberblauer Blätter; trägt im Frühsommer blaugrüne Blütenrispen auf 25 cm hohen Halmen, die zu Ocker reifen. Volle Sonne; normalen, durchlässigen Boden. Extrem winterhart.

***Miscanthus sinensis* 'Adagio'**
Chinaschilf 'Adagio'
60–90 cm hoher, kompakter Horst bogig überhängender, schmaler, graugrüner Blätter, die sich im Herbst gelb färben; bringt im Spätsommer pinselartige, rosigrehbraune Blütenstände auf 120–150 cm hohen Halmen hervor, die zu silbrigem Ocker verbleichen. Volle Sonne bis lichten Schatten; normalen bis frischen, durchlässigen Boden. Winterhart bis sehr winterhart.

***Pennisetum alopecuroides* 'Hameln'**
Federborstengras 'Hameln'
60 cm hoher, dichter Horst bogig überhängender, schmaler, sattgrün glänzender Blätter, die sich im Herbst golden bis gelborange färben, zum Winter ockerfarben; bringt ab Juli grünlich-cremefarbene bis rosige borstige, aufrechte bis überhängende Blütenähren hervor, die ockerfarben reifen und bis zum Herbst anhaften. Volle Sonne (in heißen Lagen lichten Schatten); am besten auf frischem, durchlässigem Boden, doch anpassungsfähig. Extrem winterhart.

Blickpunkt Laub

Eine solch farbenfrohe Staudenrabatte wie diese im Noerenberg-Park in Minnetonka, Minnesota, brächte Ihrem Vorgarten etliche Besucher ein. Sehen Sie nur, wie die Wiederholung des blutroten Alang-Alang-Grases (*Imperata cylindrica* var. *koenigii* 'Red Baron') den Blick voran zieht und Rhythmus und Kontinuität einbringt, während die verschiedenen Begleitstauden *(Gaura lindheimeri* und *Artemisia* 'Powis Castle', direkt hinter dem Gras) Akzente setzen und für herrliche Abwechslung entlang des Weges sorgen.

Wem das Alang-Alang-Gras zu forsch erscheint, der ersetzt es durch ein anderes mittelhohes Gras. Rhythmisch wiederkehrende stachelige Horste des Blaustrahlhafers *(Helictotrichon sempervirens)* beispielsweise sähen bei ebenso auffallender kontrastierender Textur fabelhaft zu silbrigem Laub und weißen, rosa und blauen Blüten aus.

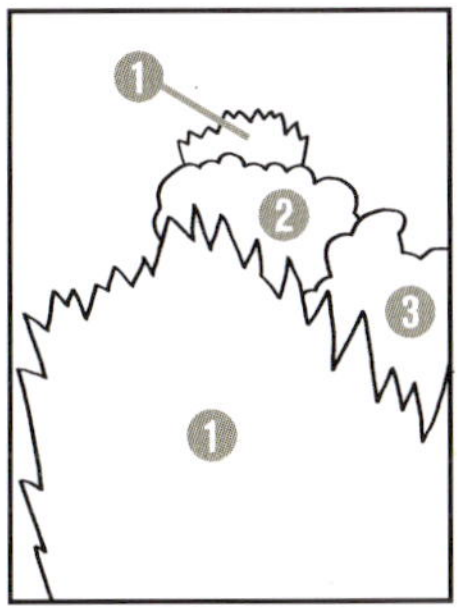

1. *Imperata cylindrica var. koenigii* 'Red Baron' (Alang-Alang-Gras 'Red Baron')
2. *Gaura lindheimeri,* gaura (Prachtkerze)
3. *Artemisia* 'Powis Castle' (Edelraute 'Powis Castle')

Wegbegleiter

Nichts verwandelt einen Pflasterstreifen so schnell in einen einladenden Weg wie eine elegante Randbepflanzung mit Ziergras. Das fließende Laub erleichtert den abrupten Übergang von der Pflasterfläche zu der angrenzenden Beet- oder Rasenfläche, und das meiste Gras übersteht gelegentliches Betreten unbeschadet.

Goldenes Hakone-Gras (*Hakonechloa macra* 'Aureola') und Frauenmantel *(Alchemilla mollis)* lassen diesen Wegsaum leuchten.

Wollen Sie Gras neben einen Pfad oder einen Weg pflanzen, so wählen Sie am besten Sorten, die nicht allzu hoch werden: Bis zu 60 cm sind ideal. Ein häufig begangener Weg lässt sich mit niedrigen Gräsern klar kenntlich machen: die Schritte der Besucher werden gelenkt, Verlauf und Ziel des Weges sind gut sichtbar. Höhere Gräser dagegen beengen den Durchgang – romantisch bei einem seltener benutzten Gartenpfad, von abschreckender Wirkung jedoch beim Weg zur Haustür.

Haben Sie sich überlegt, welche Grashöhe für die betreffende Pflanzstelle die beste ist, so können Sie die Auswahl je nachdem, auf welche Wirkung es Ihnen ankommt, weiter eingrenzen. Häufig begangene Wege sollten rund ums Jahr möglichst gut aussehen, also wählen Sie hierfür Gräser, die zu mehreren Jahreszeiten wirkungsvoll sind: auf jeden Fall schönes Laub, dazu vielleicht schmückende Samenstände, prächtige Herbstfarben und gute Haltbarkeit im Winter. Spätgrünende Gräser legen nach dem Rückschnitt, also im Spätwinter und zeitigen Frühjahr, eine Pause ein, doch diese Unterbrechung der Darbietung lässt sich wunderbar mit Frühlingszwiebeln überbrücken. Wenn schließlich das Laub der Zwiebelblüher einzuziehen beginnt, fangen die Gräser an buschig zu werden und verdecken so die gilbenden Blätter.

Gräser mit interessanten Details sind sinnvoll entlang wenig begangener Wege, wo der gemächlich entlangschlendernde Besucher nach Belieben Pausen einlegen kann, um die Pflanzen einzeln zu bewundern. So könnten Sie einen Weg mit blauem Moskitogras *(Bouteloua gracilis)* säumen, das interessante, einseitswendige Blütenstände trägt, oder mit dem flauschig blühenden und treffend benannten einjährigen Hasenschwanzgras *(Lagurus ovatus)* oder der Rasenschmiele *Deschampsia cespitosa* 'Fairy's Joke' gar, die winzige Graspflänzchen sprießen lässt, wo sich bei anderen Gräsern Blüten bilden. Der bodenständige zwergförmige japanische Kalmus (*Acorus gramineus* 'Pusillus') setzt zwischen Trittsteinen herrliche Akzente: Tritt man auf sein Laub, so verströmt dieses einen feinen, herbsüßen Duft.

Pflanzen Sie Gras neben einen Weg, so setzen Sie es so weit zurück, dass es ausgewachsen gerade die Wegkante überhängt – pflanzen Sie nicht direkt neben dem Pflaster. Scharfrandige Gräser wie Pampasgras *(Cortaderia selloana)* und Goldleistengras *(Spartina pectinata)* soll-

ten selbst unter Einhaltung guter Abstände nicht dort wachsen, wo sie einen arglosen Besucher streifen und verletzen könnten.

Pflasterflächen können viel Hitze und Licht auf angrenzende Pflanzungen reflektieren; liegt Ihr Weg nicht im Schatten, so wählen Sie sonnenhungrige, hitzeverträgliche Gräser. Selbst diese benötigen eventuell zusätzliche Bewässerung. Wo im Winter die Temperaturen unter den Nullpunkt fallen, können salztolerante Gräser entlang von Wegen angebracht sein, auf denen mit Salz gegen Eis und Schnee gestreut wird.

Ein guter Rat zum Schluss: Überlegen Sie es sich gut, bevor Sie Ausläufer treibende oder sich aussamende Gräser neben Pflaster mit offenen Fugen setzen, wie man sie bei in Sand gesetzten Ziegelpfaden vorfindet. Sowohl Samen als auch Grasausläufer finden in diesen Fugen beste Wachstumsbedingungen vor; der Weg ist bald verkrautet und lässt sich nur unter großem Zeitaufwand säubern. Ein Kantenstreifen aus Metall oder Plastik, der entlang des Weges eingesenkt wird, bevor das Gras gepflanzt ist, kann Kriechgräser fernhalten; schneiden Sie Samenstände ab, so wird auch die Zahl von Sämlingen zumindest stark reduziert.

In dieser farbenfrohen Randbepflanzung stehen sich die neutralen Goldtöne des Federborstengrases (*Pennisetum alopecuroides* 'Hameln'), das elektrische Violett des Leberbalsams *(Ageratum houstonianum)* und die intensiveren Farbtöne der dunkellaubigen Schwarznessel (*Perilla frutescens* 'Atropurpurea') gegenüber.
(Chanticleer Garden, Wayne, Pennsylvania)

Carex tumulicola

Festuca amethystina 'Superba'

Luzula sylvatica 'Aurea'

Besonders empfehlenswert

Pfade und Wege

Carex tumulicola
Berkeley-Segge
30–45 cm hohes rundes, sich ausbreitendes immergrünes Polster schmaler, überhängender, tiefgrüner Blätter. Bräunliche Blüten im Frühjahr. Volle Sonne bis Schatten; bevorzugt frischen Boden, doch eingewachsene Pflanzen sind halbwegs trockenresistent. Frostempfindlich.

***Deschampsia cespitosa* 'Fairy's Joke'**
Rasenschmiele 'Fairy's Joke'
Auch unter der Bezeichnung *Deschampsia cespitosa* var. *vivipara* bekannt; 60–90 cm hoher Horst steif aufrechter bis überhängender dunkelgrüner Blätter; immergrün außer in den kältesten Bereichen seines Verbreitungsgebietes. Trägt zum Frühjahrsende bzw. Frühsommer 90–150 cm hohe, überhängende Halme mit losen Rispen winziger grünlich-gelber Pflanzen anstelle der Samen, die sich später hellbraun färben. Lichten Schatten; frischen, durchlässigen, nährstoffreichen Boden. Extrem winterhart.

***Festuca amethystina* 'Superba'**
Regenbogenschwingel 'Superba'
30 cm hohes, dichtes Polster feinster blaugrüner Blätter; bringt Ende des Frühjahrs bis Anfang Sommer schmale, bläuliche bis violett-grüne Rispen auf 45–60 cm hohen Halmen hervor, die sich später hellbraun färben und stark versamen (abschneiden!). Volle Sonne (in heißen Lagen lichten Schatten); normalen, durchlässigen Boden. Extrem winterhart.

Lagurus ovatus
Hasenschwanzgras
15–20 cm hohes Polster weicher, hellgrüner Blätter; auf 30–45 cm hohen aufrechten Halmen trägt es erst grüne, später weiße pelzige, dichte, ovale Scheinähren. Volle Sonne; normalen, durchlässigen Boden. Einjährig.

Luzula sylvatica
Waldmarbel, Große Waldhainsimse
30–90 cm hoher, langsam wuchernder Teppich dunkel- bis mittelgrüner, glänzender, fein bewimperter Blätter; in mildem Klima immergrün; trägt im Frühjahr luftige, hellgrüne bis braune Blüten oberhalb der Blätter. Die Sorte 'Aurea' trägt gelbgrünes Laub. Halbschatten; bevorzugt frischen Boden, übersteht jedoch Trockenheit. Extrem winterhart.

Fallstudie in Hell-Dunkel

Entlang eines leicht beschatteten Weges bietet ein Blätterteppich mit vielfältiger Textur und unterschiedlichsten Farben ein geniales Schauspiel: hier, in der Gärtnerei Plant Delights (Raleigh, North Carolina), eine raffinierte Komposition aus Schwarzem Schlangenbart *(Ophiopogon planiscapus* 'Nigrescens') und Japansegge *(Carex morrowii* 'Gold Band') mit den Farnblättern von Tränenden Herzen *(Dicentra* sp.), dem gelappten Laub von Akelei *(Aquilegia* sp.) und anderen Stauden.

Eine Wegrandbepflanzung, die sich nicht auf Blüten, sondern auf Laub konzentriert, zeichnet sich durch lang anhaltende Schönheit aus – ein wichtiger Gesichtspunkt bei häufig beschrittenen Wegen. Ein solcher Wegrand ist für den Schwarzen Schlangenbart besonders geeignet, der sich in der Ferne vor einem Hintergrund aus Erde oder Mulch schnell verliert. Hier dagegen, mit heller Segge abgesetzt, erlangt der Schlangenbart seine volle Ausdruckskraft. Wenn die übrigen Stauden zum Winter einziehen, bleiben die immergrüne Segge und der Schlangenbart zurück; sie sorgen auch während der stillen Jahreszeit für willkommene Zier.

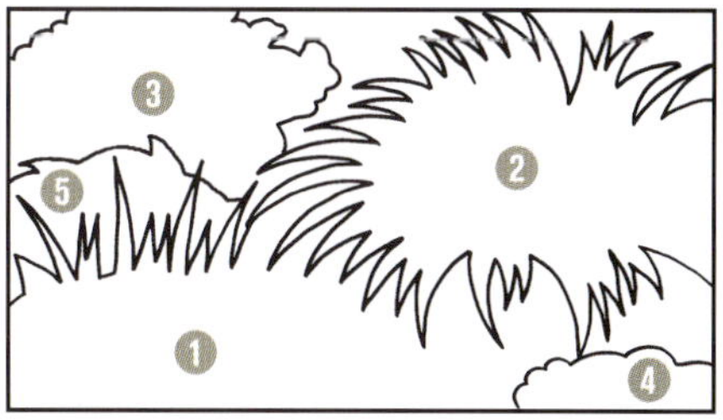

1. *Ophiopogon planiscapus* 'Nigrescens' (Schwarzer Schlangenbart)
2. *Carex morrowii* 'Gold Band' (Japansegge 'Gold Band')
3. *Dicentra* sp. (Tränendes Herz)
4. *Aquilegia* sp. (Akelei)
5. Farn

Perfekte Topfpflanzen

Gräser sind ausgezeichnete Gesellen für Topf-, Container- und Balkonkastenbepflanzungen jeglicher Größe. Derartig eingesetzt zieren sie nicht nur monatelang Decks, Terrassen und andere Bereiche, sondern machen es auch möglich, mit Arten zu experimentieren, die für Beet oder Rabatte nicht in Frage kommen.

Wer eine Containerbepflanzung zusammenstellt, hat nie ein Problem damit, genügend buschige oder rankende Blüh- und Blattschmuckpflanzen zu finden. Schwieriger jedoch gestaltet sich die Suche nach einer gut aussehenden Pflanze, die Höhe ins Bild bringt. Ziergras kann hier die perfekte Lösung sein: Ein Jungexemplar selbst des größten Grases bildet einen auffälligen vertikalen Akzent in jedem Containerarrangement. Vielerlei Blattfarben stehen zur Auswahl, ganz zu schweigen von interessanten Blütenständen und prächtigen Herbstfarben, die als Sonderbonus hinzukommen.

Auch die Blattkaskaden fontänenartig wachsender oder bogig überhängender Gräser kommen in Topf und Pflanzkasten hervorragend zur Geltung, und da Pflanzen dem Auge im Container meist näher sind als am Boden, ist hier der ideale Platz für Gräser mit subtil gestreiftem Laub oder mit zarten Blüten, die nähere Beachtung verdienen.

Oben: Ein im Container gezogenes Pampasgras *(Cortaderia selloana)* bildet den unübersehbaren Mittelpunkt eines farbenfrohen Teppichs aus Tagetes 'Tiger Eyes' und Spiere 'Ogon'. (Chanticleer Garden, Wayne, Pennsylvania)

Unten: Dieses Terrakotta-Gefäß teilt sich goldenes Hakone-Gras (*Hakonechloa macra* 'Aureola') mit Begonien und panaschierter Schönmalve (*Abutilon megapotamicum* 'Variegatum').

Gras im Topf zu ziehen ist nicht nur ästhetisch schön, sondern kann auch von ungemein praktischem Vorteil sein. Sind Ihnen große Exemplare langsam wachsender Gräser zu teuer oder haben Sie Gräser aus einer Katalogbestellung erhalten, die so klein sind, dass Sie nicht wagen, sie direkt in den Garten zu pflanzen, so ist es eine wunderbare Zwischenlösung, sie einzutopfen und sich einige Jahre auf Deck oder Terrasse daran zu erfreuen; ausgepflanzt werden sie später, wenn sie eine Größe erreicht haben, die sich im größeren Beet durchsetzt.

Wer in winterkaltem Gebiet gärtnert, zieht nicht winterharte graslaubige Pflanzen in Topf und Container, so den Neuseeländer Flachs *(Phormium tenax)*. Gewiss können Sie eine solche frostempfindliche Pflanze auch alljährlich direkt in den Boden setzen, um sie im Herbst wieder aufzunehmen, doch irgendwann wird der Horst recht unhandlich. Steht die Pflanze hingegen in einem nicht allzu großen Topf, so ist das Einräumen zum Winter eine weitaus simplere Angelegenheit, besonders bei plötzlich drohendem Frühfrost.

Der beste Grund für Containerpflanzung mag jedoch der sein, dass sie es uns ermöglicht, ein Gras zu ziehen, das wir nicht auf unsere Rabatten lassen würden. So mancher schöne Bambus etwa kann sich mit seinen meterweit forschenden Ausläufern als Schrecken des Gartens erweisen. Setzen Sie ihn dagegen in einen stabilen Topf auf der Terrasse, so wird Ihre Freude durch keinerlei Bedenken getrübt. Dasselbe gilt für wuchernde Kriechgräser, etwa die hohe Haargerste Leymus racemosus. Der Container hindert die Wurzeln am Auseinanderstreben; die Pflanze wächst notgedrungen als schöner dichter Horst anstatt, wie sonst, als hier und da im ganzen Garten auftauchende Sprossen.

An Pflanzsubstrat ist für die meisten Ziergräser ganz gewöhnliche Kübelpflanzenerde ausreichend. Für Gras, das durchlässigen Boden bevorzugt, mag eine Beimischung von Sand oder Perlit sinnvoll sein, dazu einige Zentimeter Sand oder Kies als Abdeckung; für Gras, das es eher feucht mag, eine Beimischung von Torfmull oder Kokosfasern. Ein mit Wasser gefüllter Untersetzer unter dem Topf hält das Kultursubstrat zusätzlich feucht. Die Größe des Containers richtet sich nach dem jeweiligen Gras sowie danach, ob und was Sie dazupflanzen wollen.

In dem eleganten glasierten Gefäß sind weißgrün gestreiftes Chinaschilf *(Miscanthus sinensis* 'Cosmopolitan'), scharlach- bis mauvefarbene Kapfuchsie *(Phygelius* x *rectus)* und pink blühender Storchschnabel *(Geranium)* kombiniert. (Elisabeth C. Miller Botanical Garden, Seattle)

Phormium cookianum 'Flamingo'

Ophiopogon planiscapus 'Nigrescens'

Bromus inermis 'Skinner's Gold'

Besonders empfehlenswert

Töpfe und Container

***Bromus inermis* 'Skinner's Gold'**
Unbegrannte Trespe 'Skinner's Gold'
60–100 cm hoher, stark wuchernder Horst gelber Halme mit gelb gestreiftem grünem Laub; trägt zur Sommermitte duftige strohfarbene Blütenrispen über dem Laub. Volle Sonne; normalen bis frischen, durchlässigen Boden. Sehr winterhart.

Cyperus papyrus
Papyrus
Meist 120–180 cm hohe straff aufrechte, glatte, kräftige Halme mit Büscheln schmaler grüner Hochblätter; auffällige grünliche bis bräunliche Blütenbüschel während des Sommers. Volle Sonne bis Halbschatten; muss durchgehend feucht stehen, gedeiht bei Wassertiefen bis 90 cm. Sehr frostempfindlich.

Isolepis cernua
Nickende Simse
Auch unter der Bezeichnung *Eleocharis cernuus* oder *Scirpus cernuus*; 15–30 cm hoher dichter Horst überhängender, leuchtend grüner, feiner Halme; in frostfreiem Klima immergrün. Am Halmende weiße bis bräunliche Blütenähren, die bis zum Winter anhaften. Volle Sonne bis lichten Schatten; benötigt sehr feuchten Boden oder einige Zentimeter Wasser. Frostempfindlich.

Leymus arenarius
Strandroggen
Auch unter der Bezeichnung *Elymus arenarius* 'Glaucus' oder *Elymus glaucus*; 30–60 cm hohes blaugrünes, scharfrandiges, überhängendes Laub; in kaltem Klima winterkahl. Im Sommer sporadisch schmale, bläulichgrüne Blütenähren. Volle Sonne bis lichten Schatten; trockenresistent. Extrem winterhart.

***Ophiopogon planiscapus* 'Nigrescens'**
Schwarzer Schlangenbart 'Nigrescens'
15–20 cm hohe, sich nur langsam ausbreitende immergrüne Staude mit schmalem, grasartigem, nahezu schwarzem Laub. Volle Sonne bis Halbschatten; normalen bis feuchten Boden. Winterhart.

***Phormium cookianum* 'Flamingo'**
Neuseeländer Flachs 'Flamingo'
90 cm hoher auffallender, immergrüner Blätterbusch aus schwertförmigem, olivgrünem Laub, das wechselnd rosa, pfirsichfarben und korallenrot gestreift ist. Volle Sonne; normalen, durchlässigen Boden. Frostempfindlich.

Arrangement für eine Urne

Mit ihrer Bepflanzung aus Neuseeländer Flachs *(Phormium tenax)* und anderen farbenfrohen Gesellen wirkt diese ausgefallene Urne im Montrose Garden von Hillsborough, North Carolina, ebenso überschwänglich wie elegant. Die burgunderrote Buntnessel *(Solenostemon* sp.) nimmt die düsteren Farbtöne des Flachses wie auch des Gefäßes auf, während die hellen Akzente von gelbgrüner Buntnessel und hellgelb blühendem Wandelröschen *(Lantana* sp.) die optische Verbindung zur Umgebung herstellen.

Pflanzgefäße dieser Art geben Ihrer Kreativität und Experimentierfreude viel Spielraum. Kombinieren Sie Gräser mit passenden Begleitpflanzen und warten Sie ab. Gefällt Ihnen das Ergebnis nicht, so ersetzen Sie einfach einige Pflanzen durch andere, rücken das Gefäß an einen weniger sichtbaren Ort oder überlegen sich für das nächste Jahr Neues.

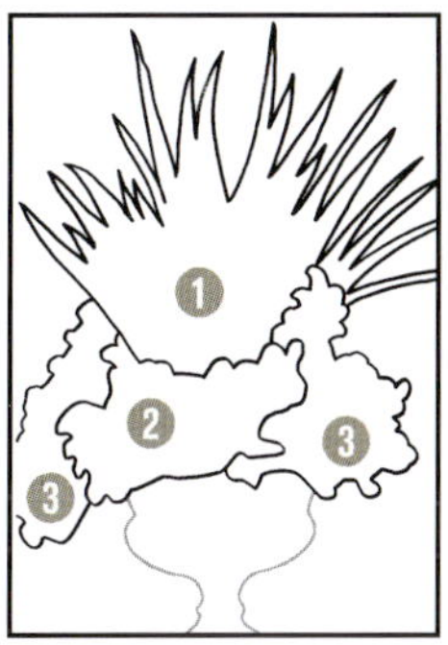

1. *Phormium tenax* (Neuseeländer Flachs)
2. *Solenostemon* sp. (Buntnessel)
3. *Lantana* sp. (Wandelröschen)

Rosengesellschaft

Zu Stauden, Einjährigen, Zwiebeln und Sträuchern lassen sich Gräser gut gesellen. Doch wie steht es um Rosen? Sie werden nur selten mit Gräsern kombiniert, und auf die Gründe gehen wir gleich ein. Doch wer Freude an Gräsern hat und Rosen liebt, wird gewiss nach einem Weg suchen, um sie gemeinsam ziehen zu können.

Die Hauptbedenken von Gartenbesitzern, wenn es darum geht, Gräser mit Rosen zu kombinieren, sind praktischer Natur: Diese verschiedenartigen Pflanzen bevorzugen unterschiedliche Bedingungen. Gräser stehen im Ruf, „über Trockenperioden nur zu lachen" und mageren Boden vorzuziehen, während Rosen üblicherweise mit reichlichen Dünger- und regelmäßigen Wassergaben verwöhnt werden. So zutreffend dies sein mag – am goldenen Mittelweg können beide Pflanzen gut gedeihen. Die Mehrzahl der Rosen und Gräser lieben die volle Sonne, und damit ist schon viel gewonnen: Es ist weitaus leichter, Dünger- und Wassergaben umzustellen, als die Lichtverhältnisse in einem Garten zu ändern.

Trockenresistenz ist eine Eigenschaft, die vielen Gräsern gemeinsam ist, was jedoch nicht bedeuten muss, dass sie nach Trockenheit verlangen. Ein reichlicheres Wasserangebot lässt das Gras oft höher und üppiger wachsen (sogar höher und dichter, als in den meisten Büchern steht) und bewirkt bei manchen Schattengräsern, dass sie mehr Sonne vertragen.

Der zweite Faktor, der Gras besonders üppig gedeihen lässt, ist ein Überangebot von Nährstoffen, allen voran Stickstoff. Wenn Sie Rosen und Gräser kombinieren, sollten Sie erwägen, die Rosen weniger zu düngen, damit die benachbarten Gräser nicht zu groß werden. Damit die Nährstoffversorgung dennoch ausreicht, reichern Sie den Boden vor dem Pflanzen mit organischer Materie (keinem schnell wirkenden chemischen Dünger) an, der für ausgewogeneres Wachstum sorgt.

Der Rückschnitt von Rosen und von spät grünenden Gräsern kann zur selben Zeit erfolgen. Kniffliger wird es schon bei der Teilung von Gras, besonders, wenn es nah an der Rose steht – berücksichtigen sie dies bereits bei der Pflanzung. Überlegen Sie auch gut, bevor Sie Rosen mit

Der sinnliche Überschwang dieser päonienblütigen Rose fordert das kühn gestreifte Chinaschilf *Miscanthus sinensis* var. *condensatus* 'Cosmopolitan' regelrecht heraus.
(Garten von Freeland Tanner, Napa, Kalifornien)

Diese einladende, überfließende Rabatte stellt die Rosen 'Golden Wings' und 'Graham Thomas' neben Blaustrahlhafer *(Helictotrichon sempervirens)*, Reiherfedergras *(Nassella tenuissima)* und das Pampasgras *Cortaderia richardii.*

Gräsern kombinieren, die sich rasch über Ausläufer oder Sämlinge vermehren, wenn Sie nicht Wurzelsperren einbauen oder Samenstände abschneiden wollen.

Wenn Sie im Garten gern mit kontrastierenden Farben und Texturen arbeiten, werden Sie die Gegenüberstellung feiner Grasblätter und ausdrucksvoller, samtiger Rosenblüten sehr zu schätzen wissen. Sattgrünes Gras setzt außerdem die lebhaften Farben leuchtend bunter Rosen voneinander ab, wodurch sie sich gefälliger in die Rabatte fügen.

Vielleicht gefällt Ihnen eine einfache „Wildrosenblüte" besser als Partner Ihres Lieblingsgrases. Wählen Sie hierfür eine Spezies-Rose oder eine großblumige, einfach blühende Hybride, wie die Teehybride 'Dainty Bess' in sanftem Rosa, die *Floribunda* 'Betty Prior' in hellem Karminrosa oder die gelbe Strauchrose 'Golden Wings'. Kleine einfache, halb oder ganz gefüllte Miniaturrosen sind ebenfalls häufig gerade recht zu schmalen Grasblättern und zarten Rispen.

Bei der Wahl der Partner für eine solche Kombination ist zu bedenken, dass früh grünende Gräser meist dann am schönsten sind, wenn auch die Rosen ihre größte Pracht entfalten; der Garten wird also zum Frühjahrsende und im Frühsommer absolut spektakulär aussehen. Die Sommermitte, wenn die meisten Rosen sich für ihre Nachblüte erholen, lässt sich mit spät grünenden Gräsern überbrücken, die während dieser warmen Zeit reichlich Laub treiben; Sorten mit buntem oder mehrfarbigem Laub setzen in blütenarmer Zeit Blickpunkte und bringen optische Spannung. Im Spätsommer und Herbst gelangen spät grünende Gräser zur Blüte und legen ihr buntes Herbstkleid an, gerade rechtzeitig als Ergänzung zu späten Rosenblüten und reifenden Hagebutten.

Miscanthus sinensis var. *condensatus* 'Cosmopolitan'

Cortaderia richardii

Miscanthus sinensis 'Variegatus'

BESONDERS EMPFEHLENSWERT

ROSENBEGLEITER

Carex oshimensis 'Evergold'
Segge 'Evergold'
Auch unter der Bezeichnung *Carex hachijoensis* 'Evergold'; 30–45 cm hoher, dichter Horst bogig überhängender, schmaler glänzend grüner Blätter mit cremefarbenem bis gelbem Mittelstreifen, der aus der Entfernung vollkommen gelb erscheint. Blüht im zeitigen Frühjahr mit unauffälligen braunen Ähren. Bevorzugt lichten Schatten (z. B. unter Sträuchern) und frischen Boden. Winterhart.

Cortaderia spp.
Pampasgräser
Große Horstgräser mit bogig überhängendem Laub, im Spätsommer mit auffälligen federartigen Blütenständen auf 180–360 cm hohen Halmen. *Cortaderia selloana* ist die am häufigsten angebotene Art, von der es viele Sorten gibt. *Cortaderia richardii* ist eine immergrüne Art, die leicht überhängende, cremeweiße fedrige Blütenstände meist etwa 240 cm hoch trägt. Je nach Art mit Schutz winterhart oder frostempfindlich.

Cymbopogon citratus
Lemongras
Dicht horstig wachsende Staude mit hellgrünen, stark nach Zitronen duftenden Blättern an grünlichen bis violett getönten Halmen. Meist 60–90 cm hoch; blüht nur selten. Macht dem Rosenduft Konkurrenz. Volle Sonne bis lichten Schatten; anpassungsfähig, bevorzugt jedoch frischen, durchlässigen Boden. Sehr frostempfindlich (Überwinterung im Haus).

Festuca amethystina 'Superba'
Regenbogenschwingel 'Superba'
Auch unter der Bezeichnung *Festuca glauca* 'Superba'; 30 cm hohes Polster fein texturierter blaugrüner Blätter. Blüht im späten Frühling/Frühsommer mit schmalen, bläulichen bis violett-grünen Rispen auf violett-rosa, 45–60 cm hohen Halmen. Volle Sonne (in heißen Gegenden auch lichten Schatten); normalen, durchlässigen Boden. Extrem winterhart.

Miscanthus sinensis 'Variegatus'
Weißbuntes Chinaschilf
150–180 cm hoher, loser Horst überhängender, leuchtend grüner Blätter mit breiten weißen Längsstreifen. Die 180–240 cm hohen silbrigen, rötlich überhauchten Blütenstände färben sich zum Herbstbeginn ocker. Volle Sonne; normalen bis frischen, durchlässigen Boden. Winterhart.

Rosen in Hülle und Fülle

Kurz vor Sommerbeginn zeigt sich die himmlische Rose 'Bonica' von ihrer verschwenderischsten Seite; in diesem Garten in Los Altos, Kalifornien, den Richard McPherson entwarf, schwebt sie über einem Schleier aus mexikanischem Reiherfedergras *(Nassella tenuissima)*. 'Bonica' ist zu dieser Jahreszeit wunderschön; dass die Rose meist auch den ganzen Sommer über vereinzelte Blüten hervorbringt und im Herbst häufig einen zweiten lebhaften Blütenschwall, macht sie um so sympathischer. Gegen Ende der Wachstumsperiode zeigen sich die ersten Hagebutten, kleine orangefarbene Früchte, mit denen die Ranken besetzt sind. Unterdessen sieht auch das Gras schön aus; es behält seine luftige Textur, während die silbrigen Grannen mit fortschreitendem Sommer eher blonde Farbtöne annehmen. Als zusätzlichen Bonus bleibt das grazile Gras den Winter über erhalten, eine schöne Ergänzung zu den dekorativen Hagebutten und hübsch anzusehen während der dunklen Wintermonate.

Das relativ niedrige Reiherfedergras verdeckt die eher uninteressanten Stämme der Rosen; außerdem dient das seidige Gras als ruhige Fläche von neutralem Farbton, welche die ausdrucksvollen Rosenblüten von den zarteren, jedoch ähnlich gefärbten Blüten der Kaplilie *Tulbaghia violacea* an der Beetkante absetzt.

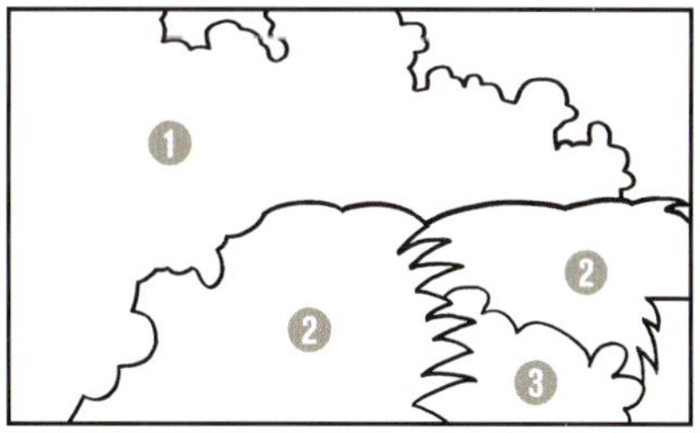

1. *Rosa* 'Bonica'
2. *Nassella tenuissima* (Reiherfedergras)
3. *Tulbaghia violacea* (Kaplilie)

Akzente setzen

Wollen Sie ein besonderes Highlight, so wird ein einzelnes ausgewähltes Ziergras zum idealen Blickpunkt im Vorgarten, am Ende eines Weges oder an der Ecke von Deck oder Terrasse. Bei der zur Wahl stehenden Vielfalt an Wuchshöhen, -eigenschaften und Farben werden Sie gewiss etwas finden, das genau nach Ihrem Geschmack ist.

Mit seiner Höhe von 120 bis 180 cm setzt das Riesengroße Halfagras *(Stipa gigantea)* einen ausgezeichneten Blickpunkt – ganz besonders dann, wenn es einen Sonnenplatz erhält, wo Wind und Licht seine Schönheit zum Leben erwecken.

In der Mehrzahl der Fälle ist die Hauptüberlegung bei der Wahl eines Solitärs die Höhe des Grases, doch Sie sollten auch Sorten mit prachtvollem mehrfarbigem Laub in Betracht ziehen, wie etwa das Chinaschilf *Miscanthus sinensis* var. *condensatus* 'Cosmopolitan', das in Einzelstellung alle Blicke auf sich zieht. Gräser in leuchtendem Gold, ebenso wie solche in Schwarz, Braun oder anderen ungewöhnlichen Farben, setzen ebenfalls unübersehbare Akzente. Auch die Gestalt kann ein Gras zum Solisten machen: Denken Sie an die nicht zu bremsende Vertikalität des Gartensandrohrs *(Calamagrostis* x *acutiflora)* oder die symmetrische Igelgestalt des Blaustrahlhafers *(Helictotrichon sempervirens)*.

Praktisch betrachtet ist die Einzelstellung eine hervorragende Möglichkeit, ein großes Horstgras wie *Miscanthus* oder Pampasgras zu pflanzen, ohne es alle paar Jahre teilen zu müssen. Hier darf es an Umfang zunehmen, ohne Licht, Nährstoffe und Raum mit Nachbarn teilen zu müssen.

Während ein einzelner Grashorst einen auffälligen Akzent setzt, wirkt eine Massenpflanzung geradezu grandios. Hierbei ist die Höhe meist nicht der Hauptgesichtspunkt; schließlich sind die wenigsten Privatgrundstücke so groß, dass eine Vielzahl großer, massiger Pflanzen wie Pampasgras *(Cortaderia selloana)* darauf Platz fände. Ziergräser mit auffallendem Habitus, dekorativer Blüte oder farbigem Laub sind jedoch alle hervorragende Kandidaten für Gruppenpflanzungen, selbst in kleineren Gärten.

Eine Gruppe kann ebenso aus drei Pflanzen bestehen wie aus einer flächendeckenden Menge. Verwenden Sie Kriechgräser anstelle von Horstgräsern, so bedecken einige wenige Sprossen relativ bald eine recht große Fläche. Glücklicherweise ist Kriechgras in Massenpflanzungen einfacher zu pflegen als in der Rabatte. Mähen Sie einfach in regelmäßigen Abständen darum herum, um seinen Ausbreitungsdrang zu hemmen, oder pflanzen Sie es auf eine „Pflanzinsel“, etwa ein schmales Beet zwischen Haus und Weg: Schon brauchen Sie sich nicht zu sorgen, dass das Gras weniger wüchsige Beet- oder Rabattengenossen verdrängt.

Ob als Solitär oder als Massenpflanzung – neben einem Rasen ist eine Wurzelsperre aus Plastik oder Metall unerlässlich: Sie verhindert, dass die Rasengräser in das Ziergras kriechen und sich dann womöglich darin aussäen.

Bunt leuchtende Gartenmöbel und eine glasierte Vase lassen gemeinsam mit dem auffälligen Pampasgras *(Cortaderia richardii)* ein lebhaftes, einladendes Bild entstehen.
(Garten von Linda Cochran, Bainbridge Island, Washington)

Elegia capensis

Carex muskingumensis 'Oehme'

Stipa gigantea

Besonders empfehlenswert

Akzentpflanzen

***Carex muskingumensis* 'Oehme'**
Palmwedelsegge 'Oehme'
60 cm hoher, sich langsam ausbreitender Horst stark überhängender Halme mit schmalen, mittelgrünen Blättern. Trägt im Frühsommer gelb-grüne Blüten oberhalb des Laubes. Auf feuchten Böden Sonne, sonst Halbschatten; normalen bis frischen, humosen Boden. Extrem winterhart.

Cortaderia selloana
Pampasgras
Breiter Horst grüner bis graugrüner Blätter, in mildem Klima immergrün, in kühleren Regionen rehbraune Winterfarbe; trägt im Spätsommer oder Frühherbst hoch über dem Laub silbrig-weiße, cremefarbene oder rosige Blütenfedern auf 240–480 cm hohen Halmen, die bis in den Winter stehen bleiben. Volle Sonne; gedeiht hervorragend auf frischem, fruchtbarem Boden (niedriger und weniger wüchsig auf trockenem). In geschützter Lage winterhart.

Elegia capensis
Elegia
180–210 cm hohe röhrenartige Halme in dichtem Horst; an den Knoten sprießen Büschel fadenförmiger Seitentriebe aus papierartigen, rosigbraun-cremefarbenen gefärbten Hochblättern. Volle Sonne; ständig feuchten Boden. Frostempfindlich.

Fargesia nitida
Dunkelgrüner Schirmbambus
240–420 cm hoher Horst immergrüner, aufrechter, schlanker, dunkelviolett-grüner oder -graugrüner Halme. Volle Sonne bis Halbschatten; normalen bis feuchten, durchlässigen Boden. Extrem winterhart.

***Panicum virgatum* 'Heavy Metal'**
Rutenhirse 'Heavy Metal'
90–120 cm hoher Horst aufrechter, blaugrüner Blätter, die sich im Herbst leuchtend gelb, im Winter rehbraun färben; in der zweiten Sommerhälfte duftige rosige bis silbrig-weiße Blütenrispen auf 120–150 cm hohen Halmen, die bis in den Winter halten. Volle Sonne bis lichten Schatten; anpassungsfähig, toleriert trockene bis nasse Böden. Sehr winterhart.

Stipa gigantea
Riesengroßes Halfagras
60–90 cm hoher Horst aufrechter bis überhängender schmaler, gräulich-grüner Blätter; immergrün in milden Regionen. Lockere goldene Blütenrispen wiegen sich ab Ende Frühjahr/Sommeranfang hoch über dem Laub auf 150–210 cm hohen Halmen und halten bis in den Herbst. Volle Sonne; durchlässigen, fruchtbaren Boden; toleriert Meeresnähe und Wind. Winterhart.

Eine echte Kalifornierin

Ihre auffällige Gestalt und Textur machen *Muhlenbergia rigens* zu einer hervorragenden Wahl, um die Aufmerksamkeit auf eine besondere Gartenecke zu lenken, wie hier im Strybing Arboretum in San Francisco.

Als Solitär kann Gras seinen natürlichen Habitus entwickeln, der bei guter Platzierung sensationelle Effekte ermöglicht. Ohne störende Nachbarn erhält ein solches Gras von allen Seiten Licht. Sehen Sie selbst, wie die Sonne auch den feinsten Halm dieser *Muhlenbergia* in Licht taucht und einen attraktiven Horst in unzählige silbrige Stachelschwein-Borsten verwandelt, die vor dem dunklen Hintergrund einfach atemberaubend wirken.

Muhlenbergia ist nur begrenzt winterhart; in kälteren Regionen und exponierter Lage sollten Sie daher für eine vergleichbare Wirkung den Blaustrahlhafer *(Helictotrichon sempervirens)* als Ersatz erwägen, der jeden europäischen Winter übersteht.

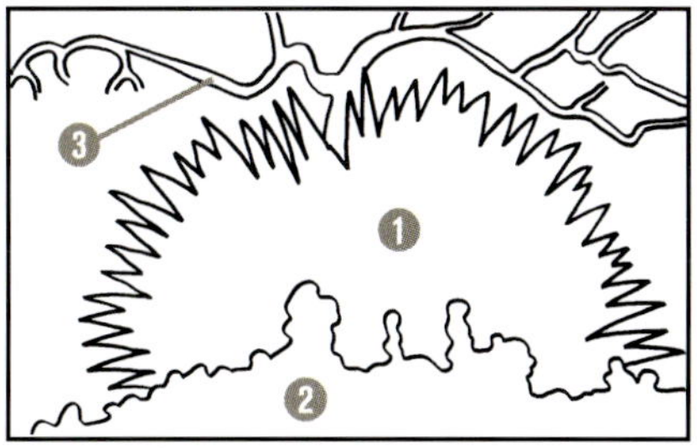

1. *Muhlenbergia rigens*
2. *Zauschneria californica* (Kolibritrompete)
3. *Aesculus californica* („Kalifornische Rosskastanie")

Klein, aber fein

Bekannt sind vor allem recht große Ziergräser: Der Blätterbusch des Chinaschilfs *(Miscanthus sinensis)* und die dekorativen Blütenwedel des Pampasgrases *(Cortaderia selloana)* sind schließlich unübersehbar. Und doch gibt es viele vergleichsweise zwergenhafte wunderschöne Gräser – perfekte Akzente für die schmalste Lücke.

Mit einer Wuchshöhe von 10 bis 15 cm eignet sich Buffalogras *(Buchloe dactyloides)* als robuster, trockenresistenter Bodendecker, sofern man seine Rhizome nicht ungehindert in alle Richtungen entkommen lässt.

Schauen Sie sich einmal in Ihrem Garten um – bestimmt entdecken Sie hier und da Stellen, die sich mit einem niedrigen Gras noch verschönern ließen. Mit kompaktem Gras lassen sich Beete und Rabatten attraktiv säumen und Pfade, Bürgersteige und andere Pflasterflächen hübsch absetzen. Wer will, nimmt auf der Terrasse den einen oder anderen Pflasterstein auf und setzt in die so entstandene Pflanztasche kompakte Speziesgräser oder Selektionen. Diese zierlichen Miniaturen machen sich ebenfalls reizend zwischen Trittsteinen.

Durch ihre geringe Größe sind kompakte Gräser ideale Kandidaten für Container-Bepflanzungen, ob solo oder in Kombination mit farbenfrohen Sommerblumen und Stauden. Wenn Sie einen grünen Rasen möchten, ohne wöchentlich den Rasenmäher beanspruchen zu müssen, können Sie sogar einen Pseudorasen aus niedrig bleibenden Gräsern oder Seggen anpflanzen. (Vgl. „Ziergras als Bodendecker“ auf S. 118.)

Das Hervorragende an der Planung und Bepflanzung eines kleinen Gartens ist, dass hier Qualität vor Quantität geht. Vergessen Sie die alte Regel, mindestens in Dreiergruppen zu pflanzen: Auf engstem Raum kann es weitaus befriedigender sein, sechs verschiedene Gräser zu ziehen als sechs identische.

Im kleinen Garten lässt sich ein Ziergras mit exquisiten Blüten oder feinem oder zart getöntem Laub hervorragend würdigen, da der enge Raum zur näheren Betrachtung einzelner Pflanzen geradezu auffordert. Bedenken Sie auch, dass sich bei beengten Verhältnissen jede einzelne Pflanze besonders bewähren sollte, denn hier reicht der Platz nicht aus, um mit Füllmaterial abzulenken, wenn die Hauptattraktion erlahmt. Mit einem kompakten Gras, das seine Schönheit über mehrere Jahreszeiten hält, lässt sich ein kleiner Raum vom Frühjahr bis zum Frost und darüber hinaus aufpeppen.

Wer einen kleinen Garten hat, dem bleibt mehr Zeit, sich der einzelnen Pflanze zu widmen. Ein wucherndes Gras, das ohne regelmäßiges Einschreiten außer Kontrolle geriete, können Sie hier eher im Auge behalten: Ausläufer, die an unerwünschter Stelle auftauchen, sind bald erkannt und sogleich abgestochen, und unwillkommene Sämlinge werden ausgezupft, sobald sie zu sehen sind.

Haben Sie erst einmal begonnen, nach kleinwüchsigen Gräsern auszuschauen, so stellen Sie bald fest, wie groß ihre Zahl ist. Zum Teil sind es von Natur aus niedrige Spezies, zum Teil handelt es sich um kompakte Auslesen höherer Arten. Manchmal (nicht immer) taucht die Bezeichnung „Zwerg-“, „*compactum*“,

In dieser Miniaturanlage versammeln sich die Neuseeländische Haarsegge *Carex comans* 'Bronze' und Blaustrahlhafer *(Helictotrichon sempervirens)* mit einem Hintergrund aus mandelgrünem Spierstrauch *Spiraea* 'Limemound' um eine Urne.

„*pygmaeus*", 'Nana' oder 'Pumila' im Namen solcher Arten und Sorten auf, wie beispielsweise beim Zwergblauschwingel *(Festuca valesiaca)*. Ein Gras mit mehrfarbig gestreiftem Laub ist häufig weniger wüchsig als seine einfarbige Verwandtschaft, was es bei begrenztem Raum zu einer guten Wahl macht.

Sie sollten jedoch wissen, dass nicht jede kompakte Form für wirklich beengte Verhältnisse geeignet ist – so bleibt das Zwergpampasgras *Cortaderia selloana* 'Pumila' zwar wesentlich niedriger als die 240 bis 360 cm hohe Spezies, seine Blüte erreicht jedoch noch immer eine Höhe von 180 cm. Fühlen Sie sich jedoch magisch angezogen von der Gesamtwirkung eines normalerweise sehr hohen Grases, auch wenn Sie für diese Pflanze in voller Größe absolut nicht den Platz im Garten haben, so könnte eine solche „Kompaktausgabe" die perfekte Lösung für Sie sein.

Molinia caerulea 'Variegata'

Carex conica 'Snowline'

Pennisetum alopecuroides 'Little Bunny'

BESONDERS EMPFEHLENSWERT

KLEINE WINKEL

***Acorus gramineus* 'Pusillus'**
Zwerg-Kalmus 'Pusillus'
Etwa 10 cm hohes dunkelgrünes, würziges Laub, das langsam einen immergrünen Rasen bildet; unauffällige Blüte. Volle Sonne bis lichten Schatten; bevorzugt frischen bis feuchten Boden. Winterhart.

***Carex conica* 'Snowline'**
Segge 'Snowline'
15–30 cm hoher, sich langsam verbreiternder Horst schmaler, dunkelgrüner Blätter mit schneeweißem Saum; immergrün bei mildem Klima; unauffällige Blüte Ende Frühjahr. Lichten Schatten; frischen, durchlässigen Boden. Sehr winterhart.

***Molinia caerulea* 'Variegata'**
Buntes Besenried
30–45 cm hoher, dichter, borstiger Horst grüner Blätter mit hellgelben Längsstreifen; färbt sich im Herbst vollständig gelb, dann ocker. Trägt zur Sommermitte schmale, violett schimmernde grüne Blütenrispen auf schlanken, 60–90 cm hohen Halmen, die sich golden oder ocker färben und bis in den Herbst erhalten bleiben. Volle Sonne (bei heißem Klima lichten Schatten); feuchten, durchlässigen, fruchtbaren Boden. Sehr winterhart.

***Ophiopogon japonicus* 'Nana'**
Japanischer Schlangenbart 'Nana', Zwerglilienrasen
Liliengewächs; wächst als circa 10 cm hoher, sich ausbreitender immergrüner Rasen aus kurzen, ledrigen, dunkelgrünen Blättern; in der ersten Sommerhälfte verstecken sich weiße Blütentrauben zwischen den Blättern. Halbschatten; nahrhaften, durchlässigen Boden. Winterhart.

***Pennisetum alopecuroides* 'Little Bunny'**
Federborstengras 'Little Bunny'
25–30 cm hoher Horst borstiger grüner Blätter; im Spätsommer kurze, flaschenbürstenartige, rosig-cremefarbene Blütenähren auf 35–45 cm hohen Halmen. Volle Sonne bis lichten Schatten; am besten auf frischem, aber durchlässigem Boden. Winterhart.

Ein kleiner Stadtgarten

Laub und Blüten in zurückhaltender Farbpalette weiten in diesem Feenreich aus Form und Textur einen erstaunlich kleinen Raum mit einem Gefühl der Heiterkeit. Keith Geller entwarf den Garten in Seattle, in dem große, leuchtende Blüten nur nach Beachtung geschrien und den Raum optisch geschrumpft hätten. Beschränkt man seine Wahl auf wenige unterschiedliche Pflanzen in größerer Stückzahl, so lassen sich diese informell derart anordnen, dass der Blick ungebunden hin und her schweifen kann. Wogende blau blühende *Pratia pedunculata,* eine winterharte Lobelienverwandte, vereint sich mit Seggen *(Carex albula* und *C. comans)* und Blaustrahlhafer *(Helictotrichon sempervirens)* zu einer Wiese en miniature. Stellen Sie sich den Unterschied vor, wären die gleichen Pflanzen als einzelne Horste gesetzt: Das Bild wäre vollkommen statisch und wesentlich weniger ansprechend. Die raffiniert angeordnete Wasserschale ergänzt den kleinen Raum perfekt; sie holt ein Stück des Himmels auf die Erde und spiegelt die Gräser ganz wunderbar.

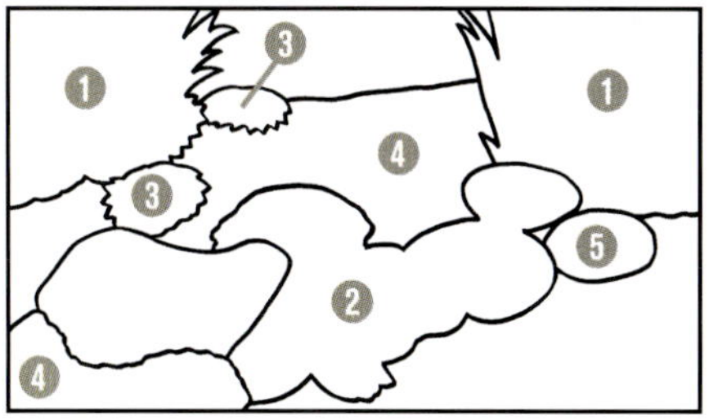

1. *Helictotrichon sempervirens* (Blaustrahlhafer)
2. *Carex albula* (vormals *C. comans* 'Frosted Curls')
3. *Carex comans* (Neuseeländische Haarsegge)
4. *Pratia pedunculata* (Pratia)
5. *Lithodora diffusa* (Steinsame)

Am Wasserrand

Ziergräser sind die perfekte Ergänzung zu altbeliebten Teichblühern wie Seerosen und Lotus. Ein großer, mit Lehm ausgekleideter Naturteich profitiert ebenso wie ein kleiner Kunststoffteich auf der Veranda von Gräsern mit ihren verschiedenen Höhen und Farben, ihrer Textur, Bewegung und ihrem Rascheln.

Bowles' Steifsegge *(Carex elata* 'Aurea') muntert eine kleine Teichidylle auf.

Zu den größten Herausforderungen bei der Bepflanzung eines Wassergartens zählt die Gestaltung des Randes, wo Wasser und Land (oder Teichfolie) aufeinandertreffen. Da ein Teich oder Wassergarten normalerweise auf einer gut einsehbaren Fläche angelegt wird und stehendes Wasser automatisch mit seiner starken Horizontalen das Gartenbild dominiert, sind Pflanzen, die dem ein wenig Höhe entgegensetzen, unbedingt willkommen. Straff aufrechte Horstgräser wie die Flatterbinse *(Juncus effusus)* wirken am Wasserrand eher formal, wogegen überhängende Gräser einen weicheren, naturhafteren Eindruck machen.

Ein einzelnes Gras kann als auffälliger Akzent dastehen; es kann aber auch eine Rolle in einer sorgfältig orchestrierten Komposition spielen. Viele Feuchtigkeit liebende Pflanzen haben große, flache Blätter, zu denen das schmale Laub der Gräser einen attraktiven Kontrast bildet. Wählen Sie eine Grassorte mit leuchtend gelbem oder gestreiftem Laub, wie Bowles' Steifsegge *(Carex elata* 'Aurea'), so werden sogar Blüten überflüssig, denn die Gräser erfreuen uns das ganze Jahr mit Farbe und kontrastierender Textur.

Das wohl beste Argument für Gräser am Wasserrand sind die faszinierenden Reflexionen, die sich auf der Wasseroberfläche ergeben. Im rechten Licht hat Wasser eine atemberaubende Spiegelwirkung, mit der sich der Reiz flauschiger Blütenstände und sanft wiegender Halme verdoppelt – ein Anblick, den Sie und Ihre Gartengäste nicht so bald vergessen werden.

Gräser sind erstaunlich vielseitig, und so verwundert es nicht, dass viele auch gut mit dem Leben am und im Gartenteich klarkommen. Viele Arten, die frischen Boden lieben, tolerieren oder mögen sogar mehrere Zentimeter Wasser über ihren Wurzeln, so dass man sie sogar direkt ins Wasser setzen kann.

Die Möglichkeiten der Bepflanzung rund um einen Wassergarten sind praktisch unbegrenzt. Das Ufer eines mit Lehm ausgekleideten Teiches ist in etwa einem Hochbeet vergleichbar – die Pflanze selbst steht nicht im Wasser, die Wurzeln jedoch reichen in ständig feuchten Boden hinab, was für zahlreiche Gräser ideal ist. Pflanzen Sie dagegen um einen Kunststoff- oder Folienteich, so unterscheidet sich der Boden nicht vom restlichen Garten: Was dort wächst, sollte auch hier gut gedeihen.

Ein Gras, das optimal mit Wasser versorgt ist, ist meist ausgesprochen wüchsig und muss alle paar Jahre geteilt und neu gesetzt werden (bei Topfkultur sogar jährlich). Das zeitige Frühjahr ist dafür der beste Zeitpunkt, da so den Pflanzen genügend Zeit zum Einwurzeln bleibt, bevor es wieder kalt wird.

Soll das Gras mitsamt Container in den Teich gesetzt werden, so genügt ein einfacher schwarzer Plastiktopf vollauf, denn unter Wasser ist er dem Blick entzogen. Schlagen Sie den Topf mit einem Stück Juteleinen aus, damit im Teich das Pflanzsubstrat nicht aus den Abzugslöchern rinnt. Füllen Sie den Topf mit guter, schwerer Gartenerde – ideal für diesen Zweck –, und pflanzen Sie das Gras hinein. Drücken Sie die Erde um die Wurzeln an, und geben Sie eine 3 bis 5 cm starke Kiesschicht darüber.

Die meisten Gräser für den Wasserrand gedeihen gut bei einem Wasserstand von 5 bis 10 cm; Rohrkolben *(Typha* spp.) und einige andere hohe Gräser vertragen sogar tieferes Wasser. Auch wenn Sie Flachwasserzonen in Ihren Teich eingebaut oder eine vorgeformte Teichschale verwendet haben, müssen Sie den Topf gegebenenfalls auf einen oder mehrere Ziegel oder Betonsteine stellen, damit der Wasserstand stimmt. Selbst Getränkekisten sind praktisch, wenn mehr Höhe nötig sein sollte.

Gras sollte im Wassergarten ohne zusätzliche Düngergaben problemlos zurechtkommen, besonders dann, wenn es jährlich in frische Erde umgetopft wird. Wollen Sie unbedingt düngen, so verwenden Sie ein stickstoffarmes Produkt; Stickstoff löst sich im Wasser und fördert dort das Algenwachstum. Nehmen Sie vor dem ersten Herbstfrost empfindliche Gräser heraus und bringen Sie sie mitsamt Topf zum Überwintern ins Haus. Winterharte Gräser benötigen nur ein Minimum an Pflege; schneiden Sie einfach die abgestorbenen Halme oberhalb des Wassers ab, damit sie nicht umknicken und im Wasser verrotten.

Die Bepflanzung mit Wasserrandpflanzen, hier mit Flatterbinse *(Juncus effusus)* und Winterschachtelhalm *(Equisetum hyemale)*, lässt einen künstlich angelegten Teich natürlicher wirken.

Juncus effusus 'Unicorn'

Typha latifolia 'Variegata'

Equisetum hyemale

BESONDERS EMPFEHLENSWERT

WASSERGÄRTEN

Equisetum hyemale
Winterschachtelhalm
Rasch wuchernder 60–180 cm hoher Horst runder, graugrüner bis leuchtend grüner Stängel mit cremefarbenen, schwarz gesäumten Streifen; die Stängel färben sich zum Winter bronzegrün; trägt zapfenartige Blüten an den Stängelenden. Volle Sonne bis Halbschatten; anpassungsfähig, bevorzugt jedoch frischen, nahrhaften Boden oder bis zu 10 cm tiefes Wasser. Wurzelsperre! Sehr winterhart.

***Glyceria maxima* 'Variegata'**
Bunter Wasserschwaden
Wuchernder, 60–75 cm hoher Horst straff aufrechter bis überhängender grüner Blätter mit breiten, buttergelben Längsstreifen, die im Frühjahr und Herbst rosa Töne annehmen; kann in der zweiten Sommerhälfte lockere bräunliche Blütenrispen hervorbringen. Volle Sonne; am besten in feuchtem Boden oder bis zu 20 cm stehendes Wasser. Sehr winterhart.

***Juncus effusus* 'Unicorn'**
Spiralbinse 'Unicorn'
30–60 cm hoher, lockerer Horst seltsam gedrehter und gezwirbelter, mittel- bis dunkelgrüner Halme; im Frühsommer gelbliche bis braune Blütenbüschel. Volle Sonne bis lichten Schatten; frischen bis nassen Boden. Winterhart.

Schoenoplectus lacustris
ssp. *tabernaemontani* 'Zebrinus'
Zebrasimse
60–120 cm hohe, sich gleichmäßig ausbreitende straff aufrechte, blattlose, runde, dunkelgrüne Halme mit hellgelben Querstreifen; ab Sommermitte bräunliche Blütenähren, die bis in den Winter erhalten bleiben. Volle Sonne (in sehr heißem Klima lichten Schatten); frischen Boden oder bis zu 15 cm stehendes Wasser. Sehr winterhart.

***Typha latifolia* 'Variegata'**
Großer Rohrkolben 'Variegata'
Sich gleichmäßig ausbreitender Horst straff aufrechter, graugrüner, weiß gestreifter Blätter, die sich im Herbst goldgelb färben; in der zweiten Sommerhälfte auf 120–180 cm hohen Halmen lange, braune, zigarrenförmige Blütenkolben mit oben männlichen und unten weiblichen Blüten, die sich tiefbraun färben und bis in den Winter erhalten bleiben. Volle Sonne; nassen, nahrhaften Boden oder bis zu 30 cm stehenden Wassers. Extrem winterhart.

Ein entspannender Wassergarten

Nur allzu häufig, so scheint es, scheut ein Gartenbesitzer bei der Installierung seines Traumteiches keine Mühe, nur um hinterher vom Ergebnis schlichtweg enttäuscht zu sein. Zwar sind die Seerosen schön, doch der Wassergarten selbst wirkt künstlich und deplatziert. Die Antwort? Verwischen Sie den harten Übergang vom Wasser zum Rasen mit Gräsern und bringen Sie gleichzeitig etwas Vertikalität ins Spiel.

Ein einzelnes Gras setzt einen eleganten formalen Akzent; eine Kombination verschiedener Gräser mit Unterschieden in Höhe und Habitus – wie hier bei der Gärtnerei Heronswood in Kingston, Washington – lässt einen stärker abgeschlossenen, natürlich wirkenden Raum entstehen. Bei diesem Entwurf wurden Goldenes Flattergras *(Milium effusum* 'Aureum'), Bowles' Steifsegge *(Carex elata* 'Aurea') und Neuseeländische Haarsegge *(Carex comans)* kombiniert, deren farbiges Laub die Szenerie besonders gut belebt.

Wahrscheinlich werden Sie automatisch solche Gräser für die Gestaltung Ihres Teichrandes aussuchen, die sich auch in der Natur in Wassernähe finden. Rund um einen Kunststoffteich müssen Sie dann allerdings den Boden mit reichlich organischer Materie anreichern – nur so hält er mehr Feuchtigkeit als der Boden im übrigen Garten.

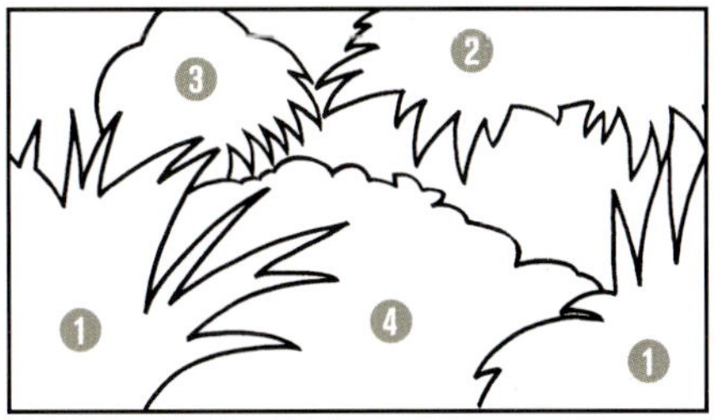

1. *Milium effusum* 'Aureum' (Goldenes Flattergras)
2. *Carex elata* 'Aurea' (Bowles' Steifsegge)
3. *Carex comans* (Neuseeländische Haarsegge)
4. *Nymphaea* sp. (Seerose)

Flammende Herbstfarben

Viele Gärtner sind der Meinung, die wahre Schönheit eines Grases zeige sich erst in seinem herbstlichen Farbenkleid. Ziergräser bieten im Herbst zahllose Gelegenheit zu Farbspielen; viele setzen mit ihrem bunten Laub den Garten in Flammen. Manche Gräser halten diese Farben bis in den Winter hinein.

Die charakteristischen Haferblüten des Plattährengrases *(Chasmanthium latifolium)* färben sich im Herbst kupferrot; oft bleiben sie, zu hellem Graugrün verblichen, bis in den Winter erhalten.

Der Herbst ist die Jahreszeit, da uns spät grünende Gräser wirklich überraschen und entzücken. Den ganzen Sommer lang haben sie Sonne getankt, nun sind sie zu voller Größe herangewachsen und bereit, ein großes Finale zu präsentieren. Die noch nicht geblüht haben, senden nun schnellstens ihre Blüten empor, damit die Saat noch vor Wintereinbruch reifen kann; andere halten bis jetzt an ihrer Sommerblüte fest. Manche wetteifern gar mit den prächtigen Herbstfarben von Sträuchern und Bäumen, von Apfelrot und Kupferrosa bis hin zu glühendem Orange und Sonnengelb.

Auch manche früh grünenden Gräser fühlen sich von den Herbsttemperaturen zu Farbveränderungen veranlasst. Das violette Besenried oder Pfeifengras *(Molinia caerulea)* beispielsweise nimmt ein reizvolles Goldgelb an. Manche gestreiften Gräser, wie die Rasenschmiele *Deschampsia cespitosa* 'Northern Lights' und das Rohrglanzgras *Phalaris arundinacea* 'Feesey', fügen ihren gelben oder weißen Streifen einen rosigen Hauch hinzu.

Immergrüne Sträucher sind ein schöner Hintergrund für leuchtende Grashalme; laubabwerfende Sträucher ergänzen die spektakuläre Farbparade um Rot, Orange, Pink, Violett und Gelb.

Herbstblühende Einjährige und Stauden fügen dem eine weitere Steigerungsstufe hinzu, einen wahren Farbreigen, der entweder mit den Ziergräsern kontrastiert oder aber sie ergänzt. Die tiefvioletten Juwelenfarben der Raublattastern *(Aster novae-angliae)* und das Dunkelblau des Eisenhutes *(Aconitum* spp.) glühen förmlich vor dem zitronenfarbenen oder kupfrigen Herbstlaub vieler Chinaschilf-Sorten. Wunderschöne spät blühende Blumen gibt es in solcher Vielfalt, dass unzählige spannende Farbkombinationen mit herrlichen Gräsern möglich werden.

Die schönste Herbstfärbung erlangen gewöhnlich solche Kandidaten, die in voller Sonne stehen. Auch im lichten Schatten findet ein Farbwechsel statt, doch der Farbton fällt hier gedämpfter aus.

Zu bedenken ist immer, dass ein Gras, das in einer bestimmten Gegend oder einem bestimmten Klima herrliche Herbstfarben entwickelt, sich in einer anderen Region eventuell kaum oder gar nicht verfärbt. Selbst in ein und demselben Garten kann die Intensität der Vorführung von einem Jahr zum nächsten sehr schwanken.

Die Blütenwedel des Chinaschilfs *Miscanthus sinensis* 'Positano' stehen im Mittelpunkt noch weiterer Herbstschönheiten in diesem überwältigenden Garten; unter ihnen die Blauraute *(Perovskia atriplicifolia)* und Purpurfetthenne *Sedum telephium* 'Herbstfreude'.

Molinia caerulea ssp. *arundinacea* 'Skyracer'

Miscanthus sinensis 'November Sunset'

Panicum virgatum

BESONDERS EMPFEHLENSWERT

HERBSTFARBE

***Andropogon* spp.**
Bartgräser
Horstbildende, spät grünende Gräser, deren orange, kupfrige oder rötlich-violette Herbstfarben geschätzt werden; Höhe je nach Art unterschiedlich. Volle Sonne; toleriert unterschiedlichste Bodenverhältnisse. Je nach Art winterhart bis extrem winterhart.

Anemanthele lessoniana
Anemanthele
Auch unter der Bezeichnung *Stipa arundinacea*; 60–90 cm hoher dichter Horst überhängender mittelgrüner Blätter mit Rosttönen, die sich vom Spätsommer zum Winter verstärken; trägt im Sommer überhängende rötliche Blütenrispen direkt über dem Laub. Volle Sonne (beste Ausfärbung) bis lichten Schatten; normalen, durchlässigen Boden. Frostempfindlich.

Miscanthus sinensis
Chinaschilf
120–180 cm hoher Horst aufrechter bis überhängender grüner Blätter, die sich im Herbst gelb, violett oder rötlich-orange färben; im Spätsommer und Herbst pinselartige Blütenstände über dem Laub. Die Sorte 'November Sunset' blüht besonders spät. *Miscanthus* 'Purpurascens' hat eine unvergleichliche Herbstfärbung. Volle Sonne; normalen bis frischen, durchlässigen Boden. Je nach Sorte winterhart bis sehr winterhart.

Molinia caerulea* ssp. *arundinacea
Rohrpfeifengras
30–60 cm hohes Büschel grüner bis bläulich-grüner Blätter, die sich im Herbst erst goldgelb, dann rotbraun, später rehbraun färben. 'Skyracer' blüht besonders hoch (240–270 cm). Volle Sonne (in sehr heißem Klima lichten Schatten); frischen, durchlässigen, nahrhaften Boden. Extrem winterhart.

Panicum virgatum
Rutenhirse
90–180 cm hoher, sich wenig bis langsam ausbreitender Horst vorwiegend aufrechter grüner bis graugrüner Blätter, die sich im Herbst meist gelb färben, manchmal jedoch rötlich, orange oder violett schimmernd. 'Shenandoah' nimmt bereits im Hochsommer rötliche Töne an und färbt sich im Herbst violett-rot. Blüht auf 120–240 cm hohen Halmen. Volle Sonne bis lichten Schatten; toleriert trockene bis nasse Böden. Sehr bis extrem winterhart.

Spodiopogon sibiricus
Zottenraugras
60–90 cm, auch über 100 cm hoher, aufrechter, attraktiver Horst, dessen haarige, nahezu waagerechten leuchtend grünen Blätter sich im Herbst violett-rot färben, nach dem Frost braun. Volle Sonne bis Halbschatten; frischen, durchlässigen, nahrhaften Boden. Sehr winterhart.

Eine reiche Ernte

Auch wenn sich der Gärtner im kühleren Klima nicht ganzjährig am bunten Laub frostempfindlicher Grasarten erfreuen kann, so findet er dennoch vollwertigen Ersatz in dem überwältigenden herbstlichen Farbfeuerwerk, das viele spät grünende Gräser bieten. Auf die Herbstfarbe der Rutenhirse ist immer Verlass; in diesem von Suzanne Porter entworfenen Garten im kalifornischen Orinda ist es die Sorte *Panicum virgatum* 'Heavy Metal'. Diese Sorte nimmt gewöhnlich Gelb- und Orangetöne an; andere, wie 'Hänse Herms' und 'Shenandoah', tendieren zu einem dunkleren Rotbraun.

Die Erntefarben spät grünender Gräser ergänzen die intensiven Farben herbstblühender Astern ganz ausgezeichnet. In diesem Garten bildet das orange leuchtende Gras einen erstklassigen Hintergrund für die in dunklem Violettblau blühende Raublattaster *Aster novae-angliae* 'Climax'.

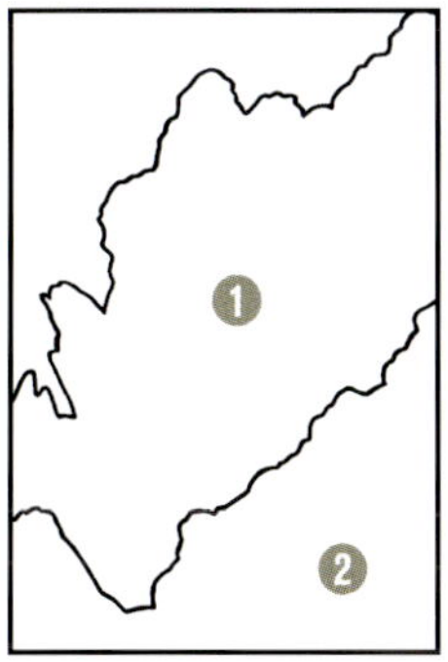

1. *Panicum virgatum* 'Heavy Metal' (Rutenhirse)
2. *Aster novae-angliae* 'Climax' (Raublattaster)

PROBLEMLÖSUNGEN

Oben: Dieses imposante goldgezeichnete Chinaschilf *(Miscanthus sinensis* 'Goldfeder') eignet sich ebenso wie die ähnliche Sorte 'Silberfeder' ausgezeichnet als Sichtschutz.

Gegenüber: Ein perfektes Beispiel für die rechte Pflanze am rechten Ort: In einen trockenen Garten bringen Tropfengras *(Sporobolus heterolepis)* und Blauraute *(Perovskia atriplicifolia)* Wogen frischer Farben.

Ziergräser haben mehr zu bieten als hübsches Laub und Blüten: Mit ihnen finden sich überdies praktische Problemlösungen. Die robusten, anpassungsfähigen Pflanzen bieten dem einfallsreichen Gärtner eine gute Alternative zur Verschönerung von eher problematischen Bereichen.

Natürlich sind auch Gräser nicht Alleskönner. Wie bei anderen Pflanzen auch, sind hier zunächst die Standortbedingungen zu bestimmen, um dann jene Gräser auszulesen, die mit den Voraussetzungen am besten fertig werden.
Ein Gras, das niemand auf seinen gepflegten Beeten und Rabatten mit idealen Bodenverhältnissen haben möchte, ist für so manche Problemzone ideal. Eine Art mit weit reichenden Wurzeln beispielsweise, die auf lockerem, nahrhaftem Boden ruckzuck überhand nimmt und weniger aggressive Nachbarn erstickt, wird durch eben dieses weit verzweigte Wurzelsystem zur idealen Wahl für einen Abhang, wo sie rasch den Boden bedeckt und der Erosion vorbeugt.

Auch für andere Problemstellen sind Gräser ideal, etwa für schmale trockene Beetstreifen neben Wegen, die mit dem Rasenmäher schlecht zu erreichen sind. Das grazile, geschmeidige Graslaub verwischt die harten Kanten von Wegen und Gebäuden wunderbar. Fern vom Haus wachsen Riesengräser im Nu zu einem effektiven Sichtschutz heran, der ohne die hohen Kosten eines Zaunes oder einer Hecke vor fremden Einblicken schützt. Und wer nach einem gut aussehenden Bodendecker sucht, der weniger Arbeit macht als der übliche Rasen, wird mit zahllosen Ziergräsern farbenfrohe, fantasievolle Resultate erzielen. Egal, wie Ihre Problemzone beschaffen ist – mit ein wenig Hartnäckigkeit und Kreativität lässt sich ein Ziergras finden, das der Aufgabe gewachsen ist.

Herrliche trockene Sonnenplätze

Für mühsam zu pflegende Problemstellen, wie sonnengedörrte Plätze oder Trockenstreifen neben Gebäuden und Pflasterflächen, bieten sich hitze- und trockenresistente Ziergräser geradezu an. Die widerstandsfähigen Pflanzen sind außerdem ausgezeichnet für Regionen mit geringem oder unzuverlässigem Niederschlag.

Achtung Brandgefahr

Wer in trockenem Klima gärtnert, muss nicht nur auf Wassermangel, sondern auch auf Brände eingestellt sein. Das gilt nicht nur für den Zweitwohnsitz in Südeuropa, sondern in zunehmendem Maße für den deutschsprachigen Raum. Kommen in Ihrer Region häufiger Waldbrände vor, so sollten Sie Ziergräser nur wohl überlegt im Garten platzieren.
Besonders Riesengräser können große Mengen trockener Halme und Blätter enthalten; fliegende Funken und glühende Asche lassen eine größere Anpflanzung blitzschnell in Flammen aufgehen.

Gehen Sie also immer auf Nummer Sicher: Ganz besonders bei Grillfesten oder bei nächtlichen Feiern im Freien, wenn der Garten mit hübschen Kerzen und Lampen ausgestattet ist, sollte man die Lichter immer an einen sicheren Ort stellen. Schnell brennt ein trockenes Gewächs.
Auch ausgetrocknetes Schnittgut stellt eine mögliche Gefahrenquelle dar; es sollte immer richtig entsorgt werden.

Bei der Wahl von Gräsern für trockene Pflanzstellen greift man fast automatisch nach solchen Arten, die als „trockenresistent" bezeichnet werden. Tatsächlich aber hängt das Vermögen einer Pflanze, mit Dürreperioden fertig zu werden, von der Definition des Begriffes *Dürre* und dem Kontext, in dem er gebraucht wird, ab. In einer Region, in der während der Wachstumsperiode 25 mm (i. e. 25 Liter/m^2) Regen pro Woche niedergehen, werden drei regenlose Wochen schnell als Dürre angesehen. In einer Region, deren Pflanzen trockenere Bedingungen gewohnt sind, kann es vier bis sechs oder noch mehr Wochen dauern, bevor sich erste Anzeichen von Trockenstress zeigen. Ein weiterer zu berücksichtigender Faktor ist die Frage, wie viel Sie gießen wollen oder können. Müssen die Gräser vollkommen ohne Bewässerung auskommen, also ausschließlich mit dem Regenwasser, so wählen Sie als trockenresistent bekannte Gräser. Können Sie dagegen alle zwei bis drei Wochen wenigstens einmal wässern, so ist die Auswahl schon weitaus größer. Gießen Sie zeitig im Jahr, so müssen Sie den ganzen Sommer damit fortfahren, da Ihre Gräser sich darauf einstellen, in den obersten Bodenschichten reichlich Wasser zu finden. Wenn Ihre Region in der zweiten Sommerhälfte regelmäßig unter Trockenheit leidet, so unterlassen Sie tunlichst das frühsommerliche Gießen, um die Pflanzen abzuhärten und sie dazu anzuregen, ein tief reichendes Wurzelsystem auszubilden.

Kriechgräser, die einen feuchten Standort im Nu gänzlich mit Beschlag belegen, wachsen auf trockenem Boden weitaus zurückhaltender und schmücken unseren Garten, ohne dass wir befürchten müssen, dass sie ihn einfach überrennen.

Bei äußerst trockenen Verhältnissen erzielen Sie oft die besten Resultate mit früh grünenden Gräsern wie dem Blauschwingel *(Festuca glauca)*. Bei diesen Arten spielt sich das aktive Wachstum während der gemäßigten Temperaturen und dem reichlicheren Niederschlag von Herbst, Winter und Frühjahr ab. Im Sommer legen sie eine Ruhephase ein, während derer sie im Vergleich zu spät grünenden Gräsern nur winzigste Feuchtigkeitsmengen benötigen. Früh grü-

nende Gräser wirken meist nicht so üppig wie sommeraktive; ihr Laub kann teilweise oder sogar ganz verbräunen oder aber stumpf und farblos wirken. Kombiniert man sie jedoch mit trockenresistenten Ein- und Mehrjährigen, so kann ein solches Gras die heißesten Sommerwochen ruhend durchstehen, um den Garten während der kühleren Monate mit saftigem Laub zu zieren.

Was die Farbe betrifft, so ist grünen und blauen Gräsern für heiße, trockene Standorte der Vorzug zu geben. Goldlaubige Gräser werden von brennender Sonne und trockenem Boden meist gnadenlos ausgebleicht oder verbrannt. Auch auffällig gestreifte Gräser, wie manche *Miscanthus*-Sorten, können an heißen, trockenen, sonnigen Standorten ein wenig versengen.

Rechts: *Festuca glauca* 'Elijah Blue' ist eine der besten Blauschwingelsorten. Mit den silbrigen Samtblättern des Wollziests *(Stachys byzantina)* bildet sie ein schönes Paar.

Links: Die Seilgrasartige *Chondropetalum tectorum* gesellt sich hier zu dem ebenfalls Trockenheit bevorzugenden blauen Mauerpfeffer *Sedum spathulifolium* 'Cape Blanco' und rotbraunem Storchschnabel *Geranium* 'Midnight Reiter'.
(Garten von Linda Cochran, Bainbridge Island, Washington)

Reichlich Sonne? Kein Problem für die allermeisten Ziergräser. Aber wenn auch die meisten Gräser mit weniger Wasser auskommen als übliche Gartenstauden, ist zum Überleben doch ein gewisses Quantum nötig. Glücklicherweise lässt sich mit ein paar Tricks die Wassermenge, die Sie für gutes Wachstum beisteuern müssen, drastisch reduzieren.

Sorgen Sie zunächst einmal dafür, dass das Regenwasser auch in den Boden hinein gelangt und dort verbleibt, bis die Wurzeln es aufgenommen haben. Legen Sie beispielsweise den Pflanzplatz einige Zentimeter tiefer an als die unmittelbare Umgebung, so dass sich das Wasser dort fängt und einziehen kann. Dieser Ansatz ist besonders sinnvoll bei Pflanzstellen, die an Pflaster grenzen; anderenfalls rauscht das vom Pflaster ablaufende Wasser im Nu vorbei und trägt auch noch Erde fort, anstatt in den Boden einzuziehen.

Arbeiten Sie in sandigen Boden oder Ton reichlich organische Materie ein, um die Wasserspeicherkapazität zu verbessern. Denken Sie jedoch daran, dass dies nicht ewig hält: Geben Sie also jedes Mal, wenn Sie ein Gras aufnehmen und teilen, Kompost oder andere organische Materie in das Pflanzloch, um den Humusgehalt aufzubessern. Verteilen Sie außerdem besonders bei schwerem Tonboden reichlich Mulch: Dieser lässt das Wasser besser eindringen, da die Erdoberfläche darunter nicht verkrustet.

Vergessen Sie schließlich nicht, dass selbst trockenresistente Gräser in ihrem ersten Jahr und manchmal auch noch im zweiten ein wenig gegossen werden müssen, sobald es nicht genug regnet. Eingewachsene Pflanzen können mit ihren tief reichenden Wurzeln Wasser aus tieferen Bodenschichten aufnehmen; direkt nach dem Pflanzen muss das unentwickelte Wurzelsystem dagegen mit der oben erreichbaren Feuchtigkeit auskommen. Wenn Sie Ihrer neuen Trockenplatz-Bepflanzung während des ersten Jahres ein wenig zusätzliche Aufmerksamkeit widmen, wird sich dies später unter Garantie in gesundem Wachstum und Wasserersparnis auszahlen.

Blaustrahlhafer *(Helictotrichon sempervirens)* bildet eine dauerhafte Bodendecke für einen trockenen Hang; Neuseeländer Flachs *Phormium* 'Dark Delight' verankert das Bild mit farbigem Kontrast am Fuß der Treppe.

Besonders empfehlenswert

Heisse trockene Lagen

Achnatherum hymenoides
Grannenhirse
Auch unter der Bezeichnung *Oryzopsis hymenoides*; 30–45 cm hoher Horst schmaler, im Frühjahr leuchtend grüner Blätter, die im Sommer hellbraun werden und bis in den Winter halten; im zeitigen Frühjahr zarte, durchsichtige Blütenrispen auf 60 cm hohen Halmen. Volle Sonne; normalen, durchlässigen bis trockenen Boden. Sehr winterhart (bei durchlässigem Boden).

Bouteloua gracilis
Moskitogras
15–20 cm hoher Horst feiner grüner Blätter, die sich im Herbst violett verfärben, zum Winter blond; trägt ab Frühsommer mehrere Monate lang silbrig-rosige bis violette kammartige Blütenähren auf 30–45 cm hohen Halmen. Volle Sonne; normalen, durchlässigen Boden. Extrem winterhart.

Muhlenbergia capillaris
Muhlenbergia
Auch unter der Bezeichnung *Muhlenbergia filipes:* 60 cm hoher Horst glänzender dunkelgrüner Blätter; trägt im Laufe des Herbstes eine Wolke violett-rosafarbener Blütenrispen auf 90–120 cm hohen Halmen. Volle Sonne bis leichten Schatten; bevorzugt frischen, durchlässigen Boden, ist jedoch trockenresistent. In geschützter Lage winterhart.

Schizachyrium scoparium
Felssteppen-Bartgras
Auch unter der Bezeichnung *Andropogon scoparius*; 90–120 cm hoher Horst überwiegend aufrechter grüner bis blaugrüner Blätter, die sich im Herbst orange bis rotbraun färben und bis in den Winter etwas Farbe halten; blüht im Spätsommer bis Herbst mit kleinen silbrigen Blütenbüscheln am Ende der Halme. Volle Sonne (toleriert lichten Schatten); gute Trockenresistenz, am besten jedoch auf frischem, durchlässigem Boden. Extrem winterhart.

Sorghastrum nutans
Goldbartgras
90–120 cm hoher Horst überwiegend aufrechter grüner bis blaugrüner Blätter, die sich im Herbst gelb oder orange färben, im Winter ocker; von Spätsommer bis Herbst orangebraune Blütenrispen auf 150–180 cm hohen Halmen, die sich ocker färben und fast den ganzen Winter halten. Volle Sonne (toleriert lichten Schatten); am höchsten auf feuchtem Boden, trockenresistent, wenn eingewachsen. Extrem winterhart.

Bouteloua gracilis

Schizachyrium scoparium

Sorghastrum nutans

Ein Farbenfroher Trockengarten

Angesichts der vielen Gräser, die auf sonnigen, trockenen Flächen gut gedeihen und mit Wassermangel und Hitze bestens zurechtkommen, brauchen diese Standorte nicht länger als öde Plätze für Kies und Hauswurz betrachtet zu werden. Auf dem Weingut Korbel in Forestville, Kalifornien, findet sich diese prächtige Anlage – ein hervorragendes Beispiel dafür, wie geeignete Gräser in Kombination mit darauf abgestimmten Begleitpflanzen selbst eine problematische Fläche in einen herrlichen Blickfang verwandeln. Die rosa-weißen Blütenschmetterlinge der Prachtkerze *(Gaura lindheimeri)* bilden einen raffinierten Übergang zwischen dem violett-pinken Sonnenhut im Hintergrund und den behaarten weißen Blütenständen des Wolligen Federborstengrases im Vordergrund; das wie immer beeindruckende hoch aufragende Riesengroße Halfagras *(Stipa gigantea)* setzt zusätzliche Akzente.

Das Wollige Federborstengras ist ganz bezaubernd; Sie sollten jedoch wissen, dass es in frostfreien Lagen zu einer ernsthaften Plage werden kann. In kühleren Regionen dagegen wächst es als hübsche einjährige Pflanze.

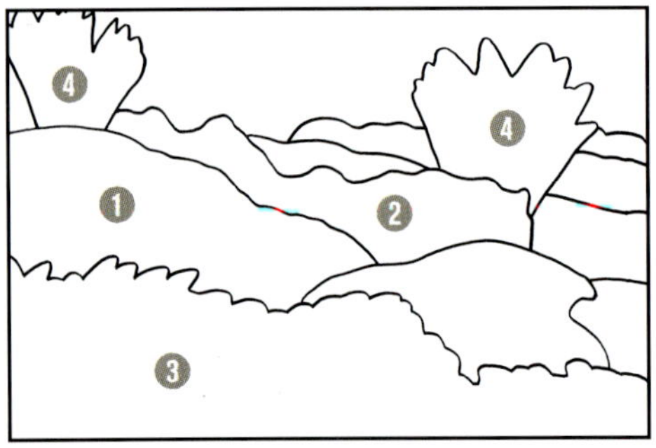

1. *Gaura lindheimeri* (Prachtkerze)
2. *Echinacea purpurea* (Roter Sonnenhut)
3. *Pennisetum villosum* (Wolliges Federborstengras)
4. *Stipa gigantea* (Riesengroßes Halfagras)

Luxus pur: Feuchter Boden

Zwar kann nasser Boden eine ziemliche Herausforderung an den Gärtner darstellen, doch bietet er ideale Voraussetzungen für üppigstes Pflanzenwachstum. Glücklicherweise freuen sich etliche hervorragende Ziergräser über „nasse Füße" zumindest während eines Teils des Jahres. Kombinieren Sie diese mit Feuchtigkeit bevorzugenden Blüten- und Blattschmuckstauden zu einem unvergesslichen Garten.

Sonnige Taglilien *(Hemerocallis* sp.) bilden den Vordergrund für drei Wasserfreunde – Pfahlrohr *(Arundo donax)*, Weißbuntes Chinaschilf *(Miscanthus sinensis* 'Variegatus') und gelb gestreiftes Goldleistengras *(Spartina pectinata* 'Aureomarginata').

Reichliche, nie versiegende Wasserversorgung erlaubt es dem Gras, seine Halme hoch empor zu schieben und verschwenderische Blattmengen zu treiben. Eine Art, die auf normalem Boden 90–120 cm hoch wird, kann auf einem feuchten Standort mehr als 180 cm Höhe erreichen. Das macht sie zu einem gleichwertigen Partner für hoch blühende Stauden wie das Mädchenauge *(Coreopsis tripteris)*, Wasserdost *(Eupatorium maculatum)*, Mädesüß *Filipendula rubra* 'Venusta' und *Vernonia*-Arten. Sowohl Stauden als auch Gräser profitieren von einer solchen Vergesellschaftung von Pflanzen ähnlicher Statur: Nicht nur wirkt eine einzelne hoch aufragende Pflanze in einer auf durchschnittliche Gartengröße zugeschnittenen Rabatte deplatziert, sondern muss darüber hinaus meist durch Anbinden oder Beschneiden in vernünftige Proportionen gebracht werden. Sind dagegen Pflanzen ähnlicher Größe kombiniert, so können sie sich einfach aneinander anlehnen.

Ein feuchter Standort bietet unendliche Möglichkeiten für zauberhafte Laubkontraste. Im Gegensatz zu solchen Pflanzen, die an trockene Standorte angepasst sind und mit schmalem oder tief eingeschnittenem Blattwerk den Wasserverlust eingrenzen, produzieren viele Bewohner feuchter Standorte üppige Mengen großflächiger Blätter. Das schmale borstige oder überhängende Laub der Gräser stellt einen auffälligen Kontrast dar zu dem kühnen Laub von Schildblatt *(Darmera peltata)*, Kreuzkraut *(Ligularia* spp.) und Schaublatt *(Rodgersia* spp.), um nur einige großblättrige, Feuchtigkeit liebende Stauden zu benennen.

Genügt Ihnen diese Pflanzenauswahl nicht für Ihren feuchten Standort, so legen Sie doch ein Hochbeet an. Es ist lediglich ein Aufbau von zehn Zentimetern nötig, und der Scheitel des Grases ist vom Sumpf abgehoben und gerät nicht mehr in Gefahr zu verrotten. Ein solcher Standort mit durchlässigem Boden um den Scheitelbereich und reichlichem Wasservorrat im tieferen Wurzelbereich bietet zahlreichen Gräsern und Stauden ideale Bedingungen; hier können Sie üppige Rabatten voller Blüten und Blätter anlegen, ohne viel gießen zu müssen, sofern dies überhaupt nötig werden sollte.

Für ein solches Hochbeet arbeiten Sie großzügige Mengen an Kompost, zerkleinertem Laub oder anderer organischer Materie in den Boden ein. Verteilen Sie dazu eine 5 bis 10 cm dicke Lage organischer Materie auf dem Boden und arbeiten Sie diese mit dem Spaten oder der Fräse unter. Durch die Bearbeitung wird der Boden gelockert und belüftet; gleichzeitig hebt die hinzugekommene Materie die Beetoberfläche um etliche Zentimeter an. Als Alternative können Sie auch gute Gartenerde kaufen und circa 10 cm dick verteilen. Das hat allerdings den Nachteil, dass der Boden dabei weder gelockert noch mit organischer Materie angereichert wird; bei einer größeren Fläche kann es außerdem rasch recht teuer werden. Jedoch ist dies häufig die einfachere Methode und für denjenigen, der nicht graben oder fräsen will oder kann, nicht selten die einzige Alternative.

Nasse Böden sind längst nicht alle gleich. Teich- und Bachufer sind je nach Wasserstand meist durchgehend feucht. Eine im regenreichen Frühjahr wasserdurchtränkte Senke dagegen trocknet mit steigenden Temperaturen und sinkenden Regenfällen häufig an der Oberfläche aus, wobei der Untergrund relativ nass bleiben kann. Viele Feuchtigkeit bevorzugende Gräser kommen mit beiden Situationen zurecht. Ist Ihr Flecken überwiegend im Frühjahr nass, so verschieben Sie die Anlage eines neuen Beetes auf Spätsommer oder Herbst, wenn der Boden trockener und leichter zu bearbeiten ist.

Von schlichter Eleganz und kühler Frische ist diese Kombination aus Zinnien *(Zinnia elegans)* der Peter-Pan-Serie und Fleißigen Lieschen *(Impatiens walleriana)* aus der 'Sun and Shade'-Zucht, die einem stattlichen Weißbunten Chinaschilf *(Miscanthus sinensis* 'Variegatus') zu Füßen liegen.

Juncus effusus 'Carman's Japanese'

Phalaris arundinacea 'Picta'

Spartina pectinata 'Aureomarginata'

Besonders empfehlenswert

Feuchte Böden

***Juncus effusus* 'Carman's Japanese'**
Flatterbinse 'Carman's Japanese'
Auch unter der Bezeichnung *Juncus carmens;* meist 60–90 cm hoher Horst schmaler, leuchtend grüner, immergrüner Halme; im Sommer folgen auf cremefarbene Blüten rotbraune Samenstände. Volle Sonne bis lichten Schatten; gleichmäßig feuchten Boden oder einige Zentimeter stehendes Wasser. Extrem winterhart.

***Phalaris arundinacea* 'Picta'**
Buntes Glanzgras
60–90 cm hohe, sich ausbreitende aufrechte Blättermassen mit weißen Längsstreifen. Volle Sonne bis Halbschatten; anpassungsfähig, doch bevorzugt frischen nahrhaften Boden. Extrem winterhart.

***Spartina pectinata* 'Aureomarginata'**
Goldleistengras
120–150 cm hohe wuchernde, weit überhängende Pflanze mit langen, schmalen, glänzend grünen Blättern mit schmalem Goldrand, die sich im Herbst erst vollkommen gelb und dann hellbraun färben; blüht im Spätsommer und Anfang Herbst mit nicht allzu auffälligen gelbbraunen Rispen auf 180 cm hohen Halmen. Volle Sonne bis lichten Schatten; bevorzugt frischen, durchlässigen Boden, ist jedoch anpassungsfähig. Extrem winterhart.

Acorus calamus
Echter Kalmus
Sich gleichmäßig ausbreitender Horst relativ breiter, duftender, grüner, irisartiger Blätter; im späten Frühjahr bis Frühsommer grünlich-gelbe Blütenähren auf 90–120 cm hohen Stängeln. 'Variegatus' trägt hellgelbe Längsstreifen. Volle Sonne (in sehr heißem Klima lichten Schatten); frischen Boden bis hin zu mehreren Zentimetern stehenden Wassers. Extrem winterhart.

Carex grayi
Morgensternsegge
60–90 cm hoher Horst hell- bis mittelgrüner Blätter, die bis weit in den Herbst und in den Winter hinein die Farbe halten; blüht in der ersten Sommerhälfte mit „Morgenstern"-förmigen, unverwechselbaren, gelbgrünen Samenständen, die später trocken und braun werden. Halbschatten; im Frühjahr feuchten Boden bis wenig stehendes Wasser (kann im Sommer trockener stehen). Extrem winterhart.

Eriophorum angustifolium
Schmalblättriges Wollgras
45 cm hoher, sich ausbreitender Horst hellgrüner Blätter; trägt im Frühjahr auf 60 cm hohen Halmen flaumige weiße Blüten, die mehrere Monate halten. Volle Sonne; feuchten bis nassen Boden. Extrem winterhart.

Voller Saft und Kraft

Etliche Gräser kommen auf ständig feuchtem Boden zurecht, doch nur ein besonderes Gras wird an einem sowohl sumpfigen als auch schattigen Platz zum Star. Das goldene Hakone-Gras *Hakonechloa macra* 'Aureola' ist ein solches Juwel; mit seinem anmutigen bambusartigen Laub erhellt es selbst dunkelste Ecken. Es toleriert auch Trockenheit, doch bei guter Wasserversorgung breitet es sich langsam zu einem eleganten, überhängenden Busch aus.

Dieser eindeutige Solist gewinnt durch gut gewählte Begleiter noch an Schauwert. In dem von Freeland Tanner entworfenen Garten in Napa, Kalifornien, steht das schmale Laub des Grases in herrlichem Kontrast zu einem Teppich, den das goldene Pfennigkraut *Lysimachia nummularia* 'Aurea' darunter mit mandelgrünen, pfenniggroßen Blättern ausbreitet. Nicht weniger wirkungsvoll ist der Hintergrund aus breiten gewellten Blättern der unübersehbaren Funkienhorste *(Hosta* spp.) hinter dem feingeschnittenen Laub des Grases.

All diese Pflanzen vertragen relativ viel Sonne, solange der Boden nicht austrocknet; Sie können sie also ganz nach Wunsch in Schatten oder Sonne pflanzen.

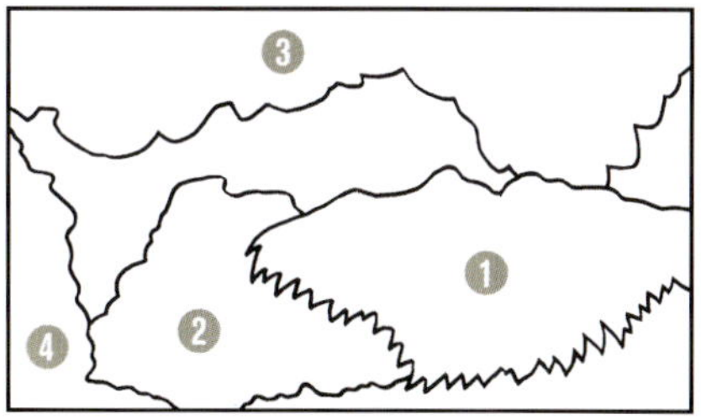

1. *Hakonechloa macra* 'Aureola' (goldenes Hakone-Gras)
2. *Lysimachia nummularia* 'Aurea' (goldenes Pfennigkraut)
3. *Hosta* sp. (Funkien)
4. *Rosa* sp. (Rose)

Gräser für schattige Plätze

Die meisten Ziergräser lieben die Sonne, doch auch für den eher schattigen Garten findet sich eine Reihe von Kandidaten. Manche Gräser und grasartige Pflanzen fühlen sich erst hier so richtig wohl; etliche weitere färben in weniger grellem Licht besser aus, und nicht wenige kommen mit weniger als der maximalen Zahl an Sonnenstunden zurecht.

Allgemein ausgedrückt erhält ein Schattengarten weniger als sechs Stunden direktes Sonnenlicht pro Tag. Das mag sehr eindeutig klingen, doch tatsächlich ist *Schatten* ein relativer Begriff. Es gibt so viele unterschiedliche Schattenarten wie Gärtner. Unter Nadelbäumen herrscht rund um die Uhr und rund ums Jahr tiefster Schatten; unter Laub abwerfenden Bäumen ist es im Frühjahr sonnig, im Sommer schattig, und auch hier gibt es von Baum zu Baum Unterschiede. Neben Ihrem Haus kann es morgens vollsonnig und nachmittags vollschattig sein (oder umgekehrt) – oder sogar morgens schattig, mittags vollsonnig und am späten Nachmittag wieder vollschattig. Es gibt gleichmäßig feuchte schattige Plätze und Schattenplätze mit knochentrockenem Boden. Wer dies betrachtet, dem wird

Die grazile Segge *Carex albula* sorgt gemeinsam mit Purpurglöckchen *(Heuchera)* und Funkien *(Hosta)* für hübsche Texturkontraste entlang eines schattigen Kiesweges.
(Elisabeth C. Miller Botanical Garden, Seattle)

schnell klar, dass eine Pflanze, welche die eine Art von Schatten verträgt, mit einer anderen Art vielleicht überhaupt nicht zurechtkommt.

Im Großen und Ganzen ist man hier mit Gräsern am erfolgreichsten, wenn man ihnen den hellsten Platz zur Verfügung stellt. Ein oder zwei Stunden direktes Sonnenlicht können die Entscheidung bedeuten zwischen einem gesunden schönen Gras und einem Kümmerling, der nach wenigen Jahren dahinschwindet. Liegt Ihr Beet unter winterkahlen Bäumen, so versuchen Sie es mit früh grünenden Gräsern: Vom Spätherbst bis zum Frühsommer erhalten sie reichlich Sonne; wenn das Laubdach ausgebildet ist, beginnt bereits die Sommerruhe des Grases.

Handelt es sich um tieferen Schatten, etwa neben einem Gebäude oder unter einem immergrünen Baum, so probieren Sie graslaubige Pflanzen wie Schlangenbart *(Ophiopogon* spp.), Lilientraube *(Liriope* spp.) und Seggen *(Carex* spp.).

Ein Schattenplatz kann den Anstoß zu außergewöhlichen Pflanzenkombinationen geben. Viele schattenliebende Stauden tragen großformatiges, üppiges Laub – denken Sie nur einmal an Funkien *(Hosta)*, Purpurglöckchen *(Heuchera)* und Nieswurz *(Helleborus* x *hybridus)* – und bilden einen auffälligen Kontrast zu den schmalen Blättern von Gräsern und ähnlichen Pflanzen. Die schattenverträglichen goldenen und gestreiften Gräser stellen dunkellaubige Pflanzpartner wie die Mandelwolfsmilch *(Euphorbia amygdaloides* subsp. *robbiae)* und Stinkende Nieswurz *(Helleborus foetidus)* raffiniert heraus, während grünlaubige Gräser silbriges Lungenkraut *(Pulmonaria-Hybriden)*, cremefarben marmorierten Italienischen Aronstab *Arum italicum* 'Pictum' und die Wedel des japanischen Brokatfarns *(Athyrium nipponicum* 'Pictum') in Grau und Bronze perfekt ergänzen.

Im Schatten benötigt Gras generell weniger Wasser als an sonnigen Standorten. Das ist ein Glück, denn Schattenplätze trocknen bei ausbleibenden Regenfällen nicht selten rasch aus, vor allem dann, wenn zwischen den Gräsern und Stauden auch die ausgedehnten Wurzeln eines Baumes nach Wasser suchen. Die Einarbeitung von reichlich organischer Materie vor der Pflanzung, eine organische Mulchdecke und die Bewässerung über Tropfschläuche während Trockenperioden verleihen Gräsern auch im Schattengarten bleibenden Charme.

Ärger im Paradies

Achtung: Feuchtes Frühlingswetter macht Schnecken zur ernsten Gefahr für sämtliche Schattenpflanzen. Saftige Funkienblätter lieben sie über alles, doch sie schädigen auch zart sprießende Gräser. Zum Glück kommen die Schnecken auf Dauer nicht gegen das meist wüchsige Gras an, doch auch abgefressene Triebspitzen sind unschön. Bei Schneckenproblemen helfen flache, mit Bier gefüllte Schalen als Fallen – jedoch nicht in der Nähe gefährdeter Pflanzen! Als Alternative können Sie die Schalen von Zitrusfrüchten oder Melonen auslegen; unter diesen verstecken sich die Schnecken, die Sie dann täglich in einen Eimer mit Seifenwasser entsorgen. Nach und nach wird so die Plage reduziert, was die Schattenpflanzen Ihnen danken werden.

Arrhenatherum elatius subsp. *bulbosum* 'Variegatum'

Chasmanthium latifolium

Milium effusum 'Aureum'

Besonders empfehlenswert

Schattengräser

***Arrhenatherum elatius* subsp. *bulbosum* 'Variegatum'**
Weißbunter Knollenglatthafer
30 cm hoher lockerer Horst schmaler, grünweiß gestreifter Blätter. Bevorzugt kühlere Regionen; Rückschnitt und Wassergaben vor der Blüte regen Neuaustrieb zum Herbst an. Volle Sonne bis Halbschatten; normalen bis frischen, nahrhaften Boden. Extrem winterhart.

Chasmanthium latifolium
Plattährengras
Auch als *Uniola latifolia*; 60–90 cm hoher aufrechter Horst hellgrüner Blätter, die sich zum Herbst kupferbraun färben und im Winter braun; trägt im Spätsommer lose Rispen haferartiger, flacher grüner bis brauner Ährchen, die fast den ganzen Winter halten. Am besten im Halbschatten; anpassungsfähig, bevorzugt jedoch frischen, durchlässigen, nahrhaften Boden. Sehr winterhart.

Deschampsia flexuosa
Drahtschmiele
30 cm hoher dichter, immergrüner Horst glänzender, fein texturierter grüner Blätter; zur Sommermitte zarte Rispen glänzender gelbbrauner oder violett getönter Ährchen auf 60 cm hohen Halmen. Halbschatten (in kühlen Regionen Sonne); frischen, durchlässigen, humosen Boden. Extrem winterhart.

Hystrix patula
Flaschenbürstengras
30 cm hoher Horst aufrechter grüner Blätter, rehbraun im Herbst; zur Sommermitte flaschenbürstenartige grüne Ähren auf 90–120 cm hohen Halmen, die braun werden und bis zum Herbst zerfallen. Halbschatten; toleriert Trockenheit, bevorzugt jedoch frischen, durchlässigen, nahrhaften Boden. Extrem winterhart.

Luzula nivea
Schneemarbel
30 cm hoher, sich langsam ausbreitender dichter Rasen aus schmalen graugrünen, am Rand bewimperten Blättern, die in milden Regionen wintergrün sind; im späten Frühjahr bis Frühsommer dichte Wattebäusche weißer Blüten auf 60 cm hohen Halmen, die später hellbraun werden. Halbschatten; anpassungsfähig, bevorzugt jedoch frischen, durchlässigen, humosen Boden. Extrem winterhart.

***Milium effusum* 'Aureum'**
Goldenes Flattergras
45 cm hoher Blätterbusch, der im Frühjahr leuchtend gelb, im Sommer hellgrün gefärbt ist. Guter Farbakzent während der kühleren Jahreszeit; bei sehr hohen Temperaturen tritt Teilruhe ein. Lichten Schatten; kühlen, frischen, humosen Pflanzplatz. Winterhart.

Perfekt für Schattengärtner

Schattenplätze sind wie gemacht für Experimente mit Blattfarben und Texturen. Leuchtend grüne, blaue und goldene Gräser bieten sich natürlich an, doch auch dunkles Laub kann ausgesprochen wirkungsvoll sein. Der Trick bei der Verwendung dunkler Gräser besteht darin, sie mit helleren Partnern zu kombinieren, die überall leuchtende Blickpunkte setzen. Diese einfache, aber überwältigende Komposition im Elisabeth C. Miller Botanical Garden in Seattle führt die Faustregel noch einen Schritt weiter: In der Begleitpflanze finden sich außer hellen auch dunkle Elemente. Das Hellgrün der gefiederten Wedel des nordwestamerikanischen Pfauenradfarns *Adiantum aleuticum* belebt das düster-schwarze Laub des Schlangenbarts *Ophiopogon planiscapus* 'Nigrescens', und die schwarzen Stiele des Farns nehmen gekonnt die dunkle Farbe der überhängenden Staude auf.

Sollte der Schwarze Schlangenbart gar zu schaurig für Ihren Geschmack sein, so wählen Sie eine schattenverträgliche Segge oder ein Gras; sie alle lassen sich mit Farnen zu auffälligen Farb- und Texturakzenten für den Schatten kombinieren.

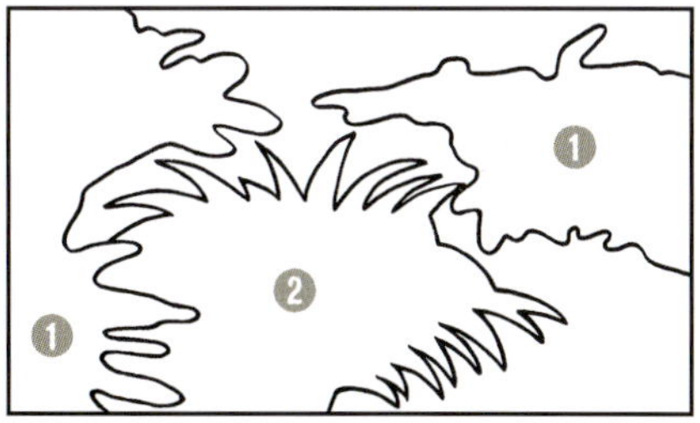

1. *Adiantum aleuticum* (Pfauenradfarn)
2. *Ophiopogon planiscapus* 'Nigrescens' (Schwarzer Schlangenbart)

Gräser am Hang

Ein Hang stellt den Gärtner vor ein schwieriges gestalterisches Problem: Lässt er ihn unbepflanzt, so kann er im Laufe der Zeit erodieren; Rasen schützt ihn zwar vor dieser Gefahr, bereitet aber bei der Pflege Probleme. Ziergras hingegen verhindert die Erosion und erspart gleichzeitig das mühevolle wöchentliche Mähen.

Mit ausdauernden Gräsern wie diesen lässt sich auch eine schwierige Hanglage meistern – von vorn nach hinten: Riesengroßes Halfagras *(Stipa gigantea)*, Reiherfedergras *(Nassella tenuissima)*, violettes Afrikanisches Federborstengras *(Pennisetum setaceum* 'Rubrum') sowie Chinaschilf *(Miscanthus sinensis)*. Neuseeländer Flachs *(Phormium)* und das dunkle Laub des Perückenstrauchs *(Cotinus)* setzen starke Akzente.

Weshalb ist Gras überhaupt eine solch gute Hangbepflanzung? Mit seinem ausgedehnten zähen Wurzelsystem bildet es ein verwobenes Netz, das die Erde außerordentlich gut festhält. Kriechgräser sind dafür besonders geeignet, denn sie dehnen sich in alle Richtungen aus und bilden dabei eine dichte Bodendecke. Obwohl Horstgräser sich nicht gleichermaßen ausbreiten, können auch sie eine wirksame Hangbegrünung bilden, wenn man sie nah genug aneinander setzt.

Interessanterweise lässt eben dieses Wurzelsystem, das Gräser zu einer so wirksamen Hangbefestigung macht, sie auch mit den trockenen Bodenverhältnissen fertig werden, die sich an den meisten Hängen finden. Schon bei geringem Gefälle läuft der Regen meist ab, ohne bis in den Wurzelbereich einzudringen. Wird eine solche Fläche jedoch mit trockenresistenten Gräsern bepflanzt, so verlangsamen sie den Wasserablauf und ermöglichen es dem ausgedehnten Wurzelfilz, die versickernde Feuchtigkeit aufzunehmen.

Ziergräser sind jedoch weit mehr als nur eine praktische Lösung für ein unattraktives, verwahrlostes Stück Land. In der Schräglage kommen der fontänenartige Habitus und das wogende Laub dieser graziösen Erscheinungen optimal zur Geltung, egal, ob Sie eine einzige Sorte als attraktive Massenpflanzung setzen oder den Hang mit einem bunten Teppich aus verschiedenen Gräsern mit unterschiedlichem Habitus, Texturen und Farben bedecken. Eine weitere Möglichkeit bietet die Kombination von Ziergräsern mit heimischen Pflanzen oder einer Mischung aus niedrigen, trockenresistenten Ein- und Mehrjährigen, wie der halbwegs frostfesten Immergrünen Mittagsblume Delosperma cooperi, Wollziest *(Stachys byzantina)*, Mauerpfeffer *(Sedum* spp.) und Eisenkraut *(Verbena* spp.).

Hangbepflanzung

Bei der Umwandlung eines Hangs in eine Graslandschaft ist die Bodenvorbereitung der schwierigste Teil. Normalerweise würde man die zu bepflanzende Fläche mit Spaten oder Fräse aufarbeiten oder eine dicke Lage organischer Materie aufbringen und dort hinein pflanzen. Leider sind all diese Methoden am Hang kaum praktikabel. Schwere Geräte lassen sich kaum oder gar nicht ohne Sicherheitsrisiko verwenden, und lose Erde sowie aufgebrachte Materie werden fortgeschwemmt, bevor die Pflanzen den Boden bedecken. Folgendes kann helfen:

- Ersticken Sie die vorhandene Vegetation, indem Sie mehrere Monate lang eine schwarze Plastikfolie ausbreiten; heben Sie dann individuelle Pflanzlöcher aus und überdecken Sie die abgestorbenen Pflanzen mit Mulch.
- Entfernen Sie die vorhandene Pflanzendecke, bedecken Sie den Hang mit Mulchfolie oder organischem Mulch, und pflanzen Sie durch diese Bodendecke hindurch. (Falls Sie Mulchfolie verwenden, schneiden Sie diese kreuzförmig an den Pflanzstellen ein, schlagen die Ecken um und decken schließlich die Folie mit einer attraktiven Mulchschicht ab.)
- Errichten Sie quer über den Hang eine oder mehrere niedrige Stützmauern, um waagerechte Pflanzflächen zu schaffen. Diese Terrassierung verlangsamt den Wasserablauf dramatisch, hält den Boden fest und lässt sich einfach bepflanzen und in Ordnung halten.
- Pflanzen Sie Gräser am Hang, so setzen Sie sie näher aneinander als auf ebener Erde – 20–30 cm Abstand bei niedrigen Arten, etwa 60 cm bei hohen –, und pflanzen Sie in versetzten Reihen, wodurch eine dichte, gleichmäßige Bodendecke entsteht. Legen Sie nach dem Pflanzen, jedoch vor dem Mulchen Tropfschläuche aus, damit Sie beim Wässern weder Erde noch Mulch fortspülen.

Calamagrostis foliosa

Festuca mairei

Nassella tenuissima

BESONDERS EMPFEHLENSWERT

HÄNGE

Calamagrostis foliosa
Reitgras
30–45 cm hoher halbimmergrüner Horst blaugrüner Blätter; blüht den ganzen Sommer mit schmalen, dichten, überhängenden, goldbraunen Rispen auf 60–75 cm hohen Halmen. Volle Sonne bis lichten Schatten; normalen, durchlässigen Boden. Bedingt winterhart bis frostempfindlich.

***Carex siderosticha* 'Variegata'**
Bunte Breitblattsegge
30 cm hohes, sich ausbreitendes Polster relativ breiter mittelgrüner weißgeränderter Blätter mit hellem Mittelstreifen, im Winter hellbraun; Neuaustrieb manchmal rosa getönt; Mitte des Sommers schwarzbraune, eher unauffällige Blütenähren. Halbschatten; frischen, nahrhaften, humosen Boden. Winterhart.

Festuca mairei
Atlasschwingel
60 cm hoher dichter Horst leicht überhängender, gräulich-grüner Blätter, in milden Regionen wintergrün; im späten Frühjahr bis Frühsommer schmale grünliche Blütenrispen auf 90 cm hohen Halmen. Volle Sonne; normalen bis feuchten, durchlässigen, nahrhaften Boden. Winterhart bis sehr winterhart.

Leymus racemosus
Haargerste
Auch unter der Bezeichnung *Elymus racemosus;* 60 cm hohes wucherndes, Ausläufer treibendes Gras mit bogig überhängenden blaugrünen Blättern; in kalten Regionen winterkahl; sporadisch den Sommer hindurch schmale bläulichgrüne Blütenähren auf 90–120 cm hohen Halmen. Volle Sonne bis lichten Schatten; anpassungsfähig, trockenresistent.

Nassella tenuissima
Reiherfedergras
Auch unter der Bezeichnung *Stipa tenuissima;* 45 cm hoher dichter, aufspringender Busch feiner, leuchtend grüner, überhängender Blätter; immergrün, doch Sommerruhe in heißen Regionen; im späten Frühjahr bis Frühsommer seidige, grünliche bis silbrige Blütenstände oberhalb der Blätter. Volle Sonne bis lichten Schatten; normalen, durchlässigen Boden, extrem trockenresistent. Winterhart bis mäßig winterhart.

Gezügelte Freiheit

In diesem von Ron Lutsko entworfenen Garten im kalifornischen Lafayette kleidet sich der Hang in vielerlei Stauden und Gräser, die für ausgedörrten, kargen Boden wie gemacht sind.

Im Mittelpunkt der Kombination steht das Reitgras *Calamagrostis foliosa*, eine niedrige Art für milde Regionen. In winterkaltem Klima wäre eine Gartensorte des Regenbogenschwingels *(Festuca amethystina)* eine gute Alternative. Zwar sind dessen Blütenstände nicht so attraktiv, doch seine Blattfärbung gleicht dies reichlich aus. Ein anderes niedriges, buschig wachsendes Gras für kühle Regionen ist das grüne Federborstengras *Pennisetum alopecuroides* 'Little Bunny' mit seinen flauschigen Blütenständen oder die etwas kleinere gestreifte Sorte 'Little Honey'.

Gräser mit krautigen Pflanzen am Hang zu kombinieren mag zwar ungewöhnlich scheinen, ist aber vollkommen natürlich. Viele Stauden verlangen durchlässigen Boden und sind somit für diese Situation die idealen Partner.

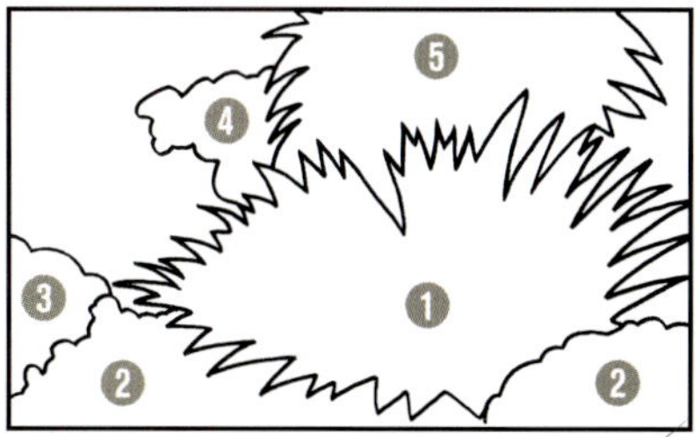

1. *Calamagrostis foliosa* (Reitgras)
2. *Santolina virens* (Grünes Heiligenkraut)
3. *Lavandula* sp. (Lavendel)
4. *Euphorbia* sp. (Wolfsmilch)
5. *Deschampia cespitosa* (Rasenschmiele)

Rascher Sichtschutz

Eine vor Blicken schützende Grenzbepflanzung mit Ziergras ist hervorragend geeignet, die Grundstücksgrenzen klar abzustecken; sie sorgt nicht nur für Abgeschiedenheit, sondern dämpft auch Lärm. Ebenso willkommen sind Gräser am Schwimmbecken oder im Terrassenbereich oder als attraktive, wüchsige Sichtblende zum Nachbargarten.

Weißbuntes Pampasgras *(Cortaderia selloana)* genießt den Standort am Ufer eines kalifornischen Gartenteichs.

Für denjenigen, dem eine herkömmliche Hecke finanziell zu aufwändig ist, der nicht über die räumlichen Verhältnisse verfügt oder ganz einfach eine schnelle Lösung mit minimalem Pflegeaufwand sucht, sind Riesengräser eine gute Alternative. In Regionen mit extrem kalten Wintern sind sie außerdem ein hervorragender Ersatz für Sträucher, denn sie sind unwahrscheinlich widerstandsfähig und tragen weder von Eis und Schnee noch durch Schneeräumfahrzeuge bleibende Schäden davon. Dieses Gras schneiden Sie einfach gegen Winterende oder auch früher, je nachdem, auf eine Handbreit zurück, und im Frühling können Sie sich schon bald an dem frischen Neuaustrieb erfreuen.

Im Gegensatz zu Strauchwerk entwickelt Gras kein dichtes Gezweig, das geeignet ist, Mensch und Getier aus dem Garten fernzuhalten. Wer eine wirklich wirksame Absperrung benötigt, ist jedoch mit Gräsern wie Chinaschilf *(Miscanthus* spp.) oder Pampasgras *(Cortaderia selloana)* gut beraten, deren scharfe Blattränder unerwünschten Wegabkürzungen einen ausgesprochen effektiven Riegel vorschieben. Ein Sichtschutz aus Gräsern bietet zudem einen weiteren Vorteil, mit dem keine Schnitthecke aufwarten kann: Ihr sanftes Rascheln übertönt erstaunlich wirkungsvoll die Hintergrundgeräusche von Straße und Nachbarschaft.

Im Vergleich zu einer Hecke bietet rasch heranwachsendes Gras einen fast umgehenden Sichtschutz. In nur wenigen Monaten kann ein spät grünendes Gras wie das Seidengras *(Saccharum ravennae)* eine Höhe von 240 bis 300 cm und mehr erreichen. Dieses als Grenzbepflanzung dramatische Gras setzt überwältigende Akzente auch neben Patios, Decks, Terrassen und Schwimmbecken. Riesengras sorgt dann für Sichtschutz, wenn er am nötigsten ist – während warmer Sommertage und -nächte –, und wirkt auch an dunklen Wintertagen luftig und leicht.

Gräser können genauso als vorübergehender Sichtschutz dienen, bis eine dauerhaftere Hecke herangewachsen ist. Auch das höchste Gras bietet während des Winters nicht viel Schutz, und nach dem Rückschnitt dauert es zwei bis drei

Ein wohlgemeinter Rat

Überlegen Sie es sich gut, bevor Sie sich bei einer Grenzbepflanzung für Kriechgräser wie Pfahlrohr *(Arundo donax)* oder ausbreitungswütigen Bambus entscheiden. Ihre Nachbarn werden diese Gräser in ihren Gärten kaum schätzen; effektiv eindämmen lassen sie sich jedoch nur durch stabile Wurzelsperren aus Metall oder Beton. In Anbetracht des dadurch verursachten Kostenaufwands stehen Sie wahrscheinlich mit einem einfachen Zaun oder einer herkömmlichen Hecke besser da.

Monate, bis es wieder eine nennenswerte Höhe erreicht hat. Einen dichteren Schutz erzielen Sie durch eine gemischte Pflanzung mit Wasserdost *(Eupatorium maculatum)*, Blaugrünem Tabak *(Nicotiana glauca)* und anderen hohen Ein- und Mehrjährigen und ebenso mit Sommersträuchern wie Schmetterlingsflieder *(Buddleia* spp.) und Mönchspfeffer *(Vitex agnus-castus)*. Schneiden Sie diese gemischten Pflanzungen jeden Frühling radikal zurück – die Einjährigen vollkommen, die Gräser und Stauden auf eine Handbreit über dem Boden und die Sträucher auf ein 30 bis 60 cm hohes und breites Gerüst. Dieser einfache Rückschnitt beansprucht wesentlich weniger Zeit und Aufwand als die Pflege einer Schnitthecke.

Um möglichst schnell einen möglichst effektiven Sichtschutz zu schaffen, sollten Sie hohe Gräser recht dicht nebeneinander setzen (mit 75 bis 90 cm Abstand). Wenn Sie die Gräser nicht in der benötigten Menge finden oder bezahlen können, kaufen Sie eine Anzahl möglichst großer Pflanzen, setzen Sie sie ein und teilen Sie sie in jedem Frühjahr, bis es genug sind. In der Übergangszeit füllen Sie die Lücken mit hohen Einjährigen.

Oben: Der Japanische Schneeball *(Viburnum plicatum)* und das Gartensandrohr *Calamagrostis x acutiflora* 'Karl Foerster' dienen nicht nur als lebendiger Sichtschutz, sondern ebenso als ruhiger Hintergrund für niedrigere Stauden, hier Katzenminze *(Nepeta)* und Fackellilie *(Kniphofia)*.

Links: Blauraute *(Perovskia atriplicifolia)* und Roter Sonnenhut *(Echinacea purpurea)* verbinden sich hier mit Gartensandrohr zu einem dynamischen Farbdreiklang.

Panicum virgatum

Saccharum ravennae

Arundo donax 'Variegata'

Besonders empfehlenswert

Hecken und Grenzen

***Arundo donax* 'Variegata'**
Weißbuntes Pfahlrohr
300–750 cm hohes, sich ausbreitendes Dickicht aus kräftigen aufrechten Halmen, die in mildem Klima immergrün sind, sich in winterkalten Regionen beim ersten starken Frost hellbraun färben; im Spätsommer bis Frühherbst große rosige bis silbrige Blütenrispen. Die sahneweißen Streifen von 'Variegata' färben sich bei Hitze gelblich. Volle Sonne; bevorzugt frischen, nahrhaften Boden, doch anpassungsfähig. Winterhart.

***Miscanthus* 'Giganteus'**
Riesenmiscanthus
Oft als Miscanthus floridulus im Handel; 240–360 cm hoher aufrechter, sich ausbreitender Horst langer, überhängender, mittelgrüner Blätter, die sich im Herbst erst rötlich oder violett-rot färben, dann hellbraun; im Spätsommer bis Frühherbst federwischartige, erst rötlich-beige, dann silbrige Blütenstände auf 300–450 cm hohen Halmen; benötigt lange, warme Sommer zum Blühen. Volle Sonne bis Halbschatten; normalen bis frischen, durchlässigen, nahrhaften Boden. Extrem winterhart.

Panicum virgatum
Rutenhirse
90–180 cm hoher Horst überwiegend aufrechter, grüner bis graugrüner Blätter, die sich im Herbst meist gelb färben; blüht in der zweiten Sommerhälfte auf 120–240 cm hohen Halmen. 'Dallas Blues' ist eine auffällige 120 cm hohe Auslese mit relativ breiten, pudrig blauen Blättern. Volle Sonne bis lichten Schatten; toleriert trockenen bis nassen Boden. Sehr bis extrem winterhart.

Saccharum contortum
Zuckerrohr
Auch unter der Bezeichnung *Erianthus contortus;* 60 cm hoher Horst aufrechter bis bogig überhängender, grüner bis bläulichgrüner Blätter, im Herbst violett oder rötlich verfärbt; im Frühherbst schmale rot- bis violettbraune Blütenrispen auf 180–240 cm hohen aufrechten Halmen. Volle Sonne; frischen bis trockenen, durchlässigen Boden. In leicht geschützter Lage winterhart.

Saccharum ravennae
Seidengras
Auch unter der Bezeichnung *Erianthus ravennae*; 120–150 cm hoher Horst bogig überhängender graugrüner Blätter, die sich im Herbst orange, rotbraun oder violett färben, zum Winter hellbraun. Volle Sonne; trockenresistent, bevorzugt jedoch frischen, nahrhaften, durchlässigen Boden. Winterhart.

Ein lebender Zaun

Wo die übliche Hecke weniger ideal ist, kann eine Reihenpflanzung aus hohem Ziergras genau das Richtige sein. Gartensandrohr *Calamagrostis* x *acutiflora* 'Karl Foerster' ist eine hervorragende Wahl als wirksamer und doch nachbarschaftlicher Sichtschutz für Sommer und Herbst. Bereits im Hochsommer erreicht es volle Höhe – um Wochen eher als die meisten anderen spät grünenden Gräser. Die fedrigen Blütenstände stehen gut mannshoch, gerade recht gegen fremde Blicke, doch weder so unverrückbar noch so teuer wie ein Zaun.

Mary und Lew Reid in Sebastopol, Kalifornien, haben ihre Grundstücksgrenze mit einer Vorpflanzung aus verschiedenen Gräsergruppen gestaltet: weit überhängendem Reiherfedergras *(Nassella tenuissima)*, dichten Polstern aus Rasenschmiele *(Deschampsia cespitosa)* und borstiger *Muhlenbergia rigens*. Auch eine Blumenrabatte sähe herrlich vor einem solchen Hintergrund aus. Dabei sollte zwischen den höheren Gräsern und der Vorpflanzung ein Weg frei bleiben, damit alle Bereiche für Pflegemaßnahmen gut erreichbar sind.

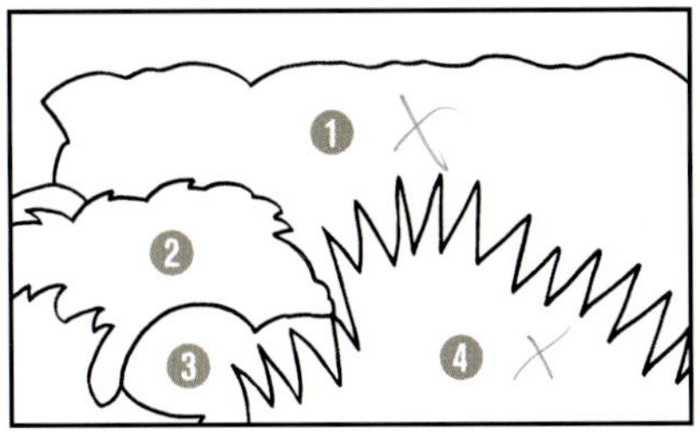

1. *Calamagrostis* x *acutiflora* 'Karl Foerster' (Gartensandrohr)
2. *Nassella tenuissima* (Reiherfedergras)
3. *Deschampsia cespitosa* (Rasenschmiele)
4. *Muhlenbergia rigens*

Ziergras als Bodendecker

Von vielen Ziergräsern existieren Miniaturen, die äußerst attraktive Bodendecker abgeben. Eine solche Pflanzendecke schließt sich rasch, ist rund ums Jahr attraktiv und muss nur einmal zurückgestutzt werden. Ideal ist sie am Hang, doch ebenso wirkungsvoll an schlecht erreichbaren Plätzen unter Bäumen und Sträuchern.

Das Orientlampenputzergras *(Pennisetum orientale)* ziert seine wohlgeordneten Horste mit rosigen Blütenständen, die in schrägem Sonnenlicht besonders beeindrucken.

Ziergras lässt uns beinahe alle Vorteile des Rasens genießen, erspart uns dabei aber das ständige Düngen, Gießen und Mähen. Im Gegensatz zu den Rasengräsern mögen es nur wenige Ziergräser, wenn man auf ihnen Ballspiele veranstaltet. Doch viele lassen sich genauso einfach anpflanzen, und mit etlichen lässt sich ein niedrig bleibender grüner Teppich anlegen, der aus der Entfernung einem herkömmlichen Rasen zum Verwechseln ähnlich sieht. Ein solcher Pseudo-Rasen mag für den Vorgarten vielleicht nicht formal genug sein, doch für weniger genutzte Gartenteile wie den Bereich entlang der Hausseite ist er genau das Richtige. Auf einem Pfad aus Trittsteinen lässt sich eine solche Pflanzung mühelos durchqueren, ohne dass die zarten Gräser zertreten werden. Setzt man dann noch zwischen die Gräser kleine Frühlingszwiebeln wie Netziris *(Iris reticulata)* und Krokusse, so wird eine solche Anlage im Frühjahr zur reinsten Augenweide.

Ziergräser sind natürlich mehr als nur ein Rasenersatz: Sie sind außerdem sehr schöne Pflanzen. Vielleicht möchten Sie Ihre Bodendecke ganz in Grün halten, in das Sie mit unterschiedlichen Texturen schöne Abwechslung bringen, beispielsweise indem Sie das elegant überhängende Laub des Hakone-Grases *(Hakonechloa macra)* mit einbinden. Eine vollkommen andere Wirkung als mit einer glatten Rasenfläche können Sie auch mit Arten erzielen, die ausgeprägte runde Polster bilden, beispielsweise mit dem Tropfengras *(Sporobolus heterolepis)*.

Oder steht Ihnen der Sinn nach etwas ganz Ausgefallenem? Wie wäre es mit einer anderen Farbe als immer nur Grün? Stellen Sie sich die Wirkung einer solchen Fläche vor, die in der Farbe des Blaustrahlhafers *(Helictotrichon sempervirens)* leuchtet oder in dem Preiselbeerrot des Alang-Alang-Grases *(Imperata cylindrica* var. *koenigii* 'Red Baron'). Vergessen Sie ebenfalls nicht die vielen Gräser mit wunderschöner Blütenbildung. Eine Massenpflanzung ist perfekt für Arten mit solch zarten Blüten wie denen des Herzzittergrases *(Briza media)*. Als einzelner Horst wird ein solches Gras leicht zwischen seinen Nachbarn übersehen, als Massenpflanzung dagegen wirkt es beeindruckend und bietet sich für nähere Betrachtung an.

Traditionell werden als Bodendecker solche Pflanzen eingesetzt, die nicht mehr als etwa einen halben Meter Höhe errei-

chen. Wer eine rasenartige Wirkung erzielen möchte, sollte dafür die niedrigste Art verwenden, die er finden kann, wie die unterschiedlichen Blauschwingelsorten *(Festuca glauca)*. In der Größenordnung von 15 bis 60 cm ist die Auswahl jedoch wesentlich umfangreicher, vor allem dann, wenn nichts gegen weitere 30 cm zur Blütezeit einzuwenden ist.

Wer auf einen richtige Bodendecker aus ist, der ist an dieser Stelle mit Ausläufer treibenden oder sich eifrig versamenden Gräsern wirklich gut beraten. Eine dichte Bodendecke wird durch eben diese Eigenschaften –

Vor einer Massenpflanzung aus Rutenhirse (*Panicum virgatum)* setzen sich die gedämpften Farben von Reiherfedergras *(Nassella tenuissima)*, Afrikanischem Lampenputzergras *(Pennisetum setaceum* 'Rubrum') sowie Orientlampenputzergras *(P. orientale)* zu einem bunten Teppich zusammen.

Schneemarbel *(Luzula nivea)* und Mannstreu *(Eryngium)* tragen zu dem einladend kühlen Weiß und Graugrün bei, das diesen Weg unter Obstbäumen säumt.

Neutriebe und Sämlinge – nur gefördert.

Kriechgras bildet selbstständig und unabhängig vom Pflanzabstand einen recht gleichmäßigen Teppich aus; allerdings benötigt es um so mehr Zeit, je größer die Pflanzabstände sind. Wenn Sie sich für Kriechgras als Bodendecker entscheiden, so müssen Sie die Pflanzfläche am Rand unbedingt mit einer festen Kante oder Wurzelsperre versehen. Wird ringsherum regelmäßig gemäht, so bleibt das Ziergras zwar recht brav dort, wo es hingehört, doch wird der Rasen in es hineinwachsen und einen unschönen Übergang verursachen. Eine Mähkante sorgt dafür, dass die Pflanzung hübsch ordentlich bleibt.

Mit Horstgräsern stellen sich Ihnen mehrere Pflanzmöglichkeiten. Wenn Sie den Pflanzabstand in etwa dem maximalen Pflanzendurchmesser anpassen (bei einem 60 cm Durchmesser erreichenden Gras also 60 cm), behalten die einzelnen Pflanzen ihre Form und berühren sich nur mit den Blättern. Engere Pflanzung bewirkt ein gleichförmigeres Erscheinungsbild, bessere Unkrautunterdrückung und raschere Flächendeckung, doch seien Sie gewarnt – stehen die Pflanzen gar zu dicht (mit einem Pflanzabstand von weniger als der Hälfte des Pflanzendurchmessers), so können Krankheiten aus der verminderten Luftzirkulation resultieren.

Denken Sie stets daran, dass selbst trockenresistente Gräser während des ersten Jahres eine Mindestmenge an Wassergaben erfordern; deshalb sollten Sie erwägen, den Bereich mit Tropfschläuchen zu versehen, um späteres Gießen im

Handumdrehen erledigen zu können. Nach dem ersten Jahr können Sie die Schläuche entfernen oder aber, falls Sie weiterhin wässern wollen, diese an Ort und Stelle belassen.

Natürlich dürfen Sie auch hier nicht vergessen zu mulchen. Im zweiten oder dritten Jahr sind die Gräser so dicht zusammengewachsen, dass eine dichte, Unkraut unterdrückende Decke entsteht. Bis dahin jedoch beschattet nur eine 3 bis 5 cm dicke Mulchschicht den Boden so gut, dass nur die wenigsten Unkrautsamen keimen; dennoch auflaufende Unkräuter lassen sich einfacher ziehen. Sind die bodendeckenden Gräser gut eingewachsen, so profitieren sie von einer alle ein bis zwei Jahre aufgebrachten dünnen Schicht Kompost, welche den Humusgehalt des Bodens aufbessert.

Spät grünende Gräser wie das Federborstengras *(Pennisetum alopecuroides)* profitieren von einem Rückschnitt spät im Winter oder im zeitigen Frühjahr, wobei abgestorbenes Laub und Samenstände entfernt werden. Mit einem Trimmer lässt sich sogar eine großflächige Bodendecke aus Gräsern rasch zurückschneiden. (Zum einfachen Rückschnitt großer Gräser vgl. auch die Seiten 26 und 96.) Seggen und früh treibende Gräser hingegen müssen allerhöchstens ein klein wenig zurechtgestutzt werden.

Kauf oder Anzucht von Gräsern

Im Vergleich zu einer Rasenanlage kann eine Bepflanzung mit Bodendeckern recht teuer erscheinen. Eine Möglichkeit, diese Kosten zu reduzieren, besteht darin, nur wenige Pflanzen zu kaufen, einzupflanzen und alle ein oder zwei Jahre zu teilen. Eine weitere Möglichkeit wäre ein Händler, der gewillt wäre, Jungpflanzen zu verkaufen. Diese sind klein und werden eventuell nur in größeren Mengen verkauft, doch der Preis pro Pflanze wird wesentlich unter dem von einzeln eingetopfter Gärtnerqualität liegen, und die Gewächse werden sich rasch entwickeln.

Eine weitere Möglichkeit, den Garten mit Gräsern anzulegen, ist die eigene Anzucht aus Samen. Aus Saat gezogene Pflanzen können leicht variieren, doch wenn Sie das nicht stört, bieten sie eine gute Alternative. Wollen Sie dagegen ein gleichförmigeres Erscheinungsbild, so sind vegetativ (durch Teilung) vermehrte Kultursorten die bessere Wahl. Die größte Schwierigkeit bei der Anzucht von Ziergräsern aus Saatgut ist meist das Auffinden eines Lieferanten. Am ehesten werden Sie bei einem Versand für exotische und/oder ungewöhnliche Samen fündig werden, wenn Sie nicht die wenigen gebräuchlichsten Arten suchen. Ziehen Sie den Samen im Haus vor wie für andere Stauden auch oder säen Sie ihn im zeitigen Frühjahr im Freiland ins vorbereitete Beet, ganz wie Rasensamen.

In der folgenden Liste sind einige schöne mehrjährige Gräser aufgeführt, die nicht allzu schwer aus Samen heranzuziehen sind und sich als Bodendecker und für Massenpflanzungen eignen.

Andropogon spp. (Bartgras)
Bouteloua spp. (Moskitogras)
Briza media (Herzzittergras)
Chasmanthium latifolium (Plattährengras)
Deschampsia spp. (Schmielen)
Eragrostis spp. (Liebesgras)
Festuca spp. (Schwingel)
Helictotrichon sempervirens (Blaustrahlhafer)
Koeleria spp. (Schillergras)
Nassella tenuissima (Reiherfedergras)
Pennisetum spp. (Lampenputzergras)
Schizachyrium scoparium (Felssteppen-Bartgras)
Sporobolus heterolepis (Tropfengras)

Deschampsia cespitosa

Deschampsia flexuosa 'Aurea'

Sporobolus heterolepis

Besonders empfehlenswert

Gute Bodendecker

Deschampsia cespitosa
Rasenschmiele
60–90 cm hoher, häufig immergrüner Horst borstiger bis bogig überhängender, dunkelgrüner Blätter; im Sommer zarte Rispen gelblich-grüner Ährchen auf 90–150 cm hohen Halmen. *Deschampsia flexuosa* 'Aurea' trägt gelbgrünes Laub. Halbschatten; frischen, durchlässigen, humosen Boden. Extrem winterhart.

Eragrostis curvula
Bogenliebesgras
60 cm hoher dichter Horst feiner, dunkelgrüner Blätter mit ins Rötliche oder Gelbliche spielender Herbstfärbung; immergrün in mildem Klima; in der zweiten Sommerhälfte lose, silbrig-violette Blütenrispen auf elegant überhängenden 60–90 cm hohen Halmen. Volle Sonne; normalen, durchlässigen Boden; nach dem Einwachsen trockenresistent. Bedingt winterhart.

Sasa veitchii
Silberrandzwergbambus
Etwa 90 cm hohe schlanke, aufrechte, wuchernde Halme; die breiten Blätter sind im Sommer dunkelgrün und im Herbst und Winter breit cremefarben gesäumt (bei extremer Kälte manchmal hellbraun). Halbschatten; bevorzugt frischen Boden, toleriert jedoch Trockenheit. Winterhart bis bedingt winterhart.

Sesleria caerulea
Blaues Kopfgras
15–30 cm hoher kompakter Horst schmaler, gedrehter Blätter, die auf der Oberseite dunkelgrün und unterseits silbrigblau sind; in milden Gegenden wintergrün; im Frühjahr kurze, violett-braune ährenartige Rispen auf 50 cm hohen Halmen, die erst grünlich-weiß sind, dann hellbraun werden. Volle Sonne bis lichten Schatten; trockenresistent, bevorzugt jedoch frischen, durchlässigen, nahrhaften Boden. Sehr winterhart.

Sporobolus heterolepis
Tropfengras
45–60 cm hoher dichter Horst elegant überhängender schmaler, glänzend grüner Blätter, die sich im Herbst golden oder orange färben, im Winter kupfrig braun; blüht im Spätsommer bis Frühherbst mit duftenden zarten, silbrigen Rispen auf 75–90 cm hohen Halmen. Volle Sonne bis leichten Schatten; toleriert Hitze und Trockenheit. Extrem winterhart.

LEBHAFTE BODENDECKE

Es ist noch gar nicht so lange her, da musste sich der Gärtner, der einen Bodendecker für den Schatten suchte, für eine von drei Möglichkeiten entscheiden: Efeu *(Hedera helix)*, Immergrün *(Vinca minor)* oder Ysander *(Pachysandra terminalis)*. Inzwischen verstehen wir unter dem Begriff „Bodendecker" nicht mehr nur eine wintergrüne Laubdecke unter Gehölzen oder anderen Schattenbereichen: Sie ersetzen heute auch sonnige Rasenflächen und machen das wöchentliche Mähen überflüssig.

Ziergräser, ob sonnenhungrig oder Schatten liebend, sind eine ausgezeichnete Wahl für Massenpflanzungen, die ebenso attraktiv wie praktisch sind. Wie dieses Orientalische Lampenputzergras *(Pennisetum orientale)*, das Richard McPherson für seine äußerst attraktive Anlage in Los Altos, Kalifornien, verwendete, benötigen die meisten nur eine einzige kleine Auffrischung pro Jahr.

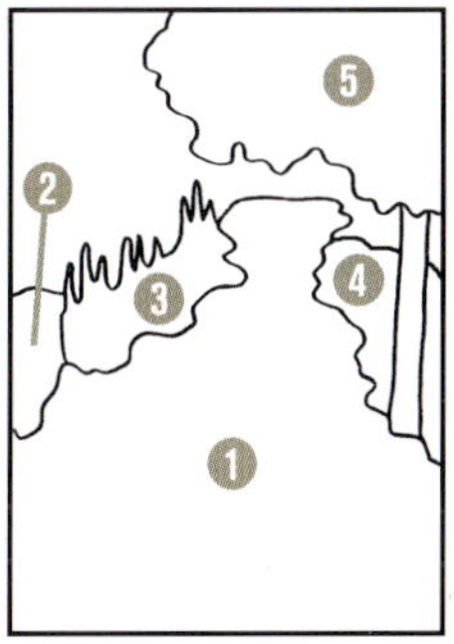

1. *Pennisetum orientale* (Orientlampenputzergras)
2. *Nepeta* sp. (Katzenminze)
3. *Lavandula* sp. (Lavendel)
4. *Hemerocallis* sp. (Taglilie)
5. *Liriodendron tulipifera* (Tulpenbaum)

Bequemer geht's nicht

Dass Ziergräser nur geringen Pflegeaufwand benötigen, hört man häufig, und in der Gesamtheit stellen sie wirklich geringere Ansprüche als herkömmliche Gartenpflanzen. Doch wer die verschiedenen Gräser näher kennen lernt, wird rasch feststellen, dass manche Gräser sogar noch pflegeleichter sind als andere.

Pflegeleichte Gräser

Wenn Sie eine Gräserpflanzung anstreben, die wenig bis gar keine Pflege benötigt, dann sind Gräser mit einigen oder allen im Folgenden aufgeführten Eigenschaften für Sie richtig:

- Wenig oder gar nicht aussamend
- horstbildend oder sich nur langsam ausbreitend
- selten zu teilen
- äußerst geringer Gießbedarf
- geringe Anfälligkeit für Ungeziefer und Krankheiten
- kräftige Halme, die nicht aufgebunden werden müssen
- Winterschutz überflüssig

All diese Eigenschaften besitzen wirklich nur wenige Gräser. Sind Sie jedoch zu Kompromissen bereit, so ist Ihre Auswahl schon wesentlich größer. Wenn Sie die Pflegehinweise in diesem Kapitel berücksichtigen, sollte das Ergebnis eine ausgesprochen schöne, pflegeleichte Pflanzung sein.

Warum ist ein Gras pflegeintensiver als ein anderes? Zum guten Teil hängt das von Ihren eigenen Vorlieben und Abneigungen ab. Ist für Sie das Jäten eine entspannende, meditative Beschäftigung, so ist Ihnen ein sich aussamendes Gras vielleicht geradezu willkommen. Kennen Sie dagegen nichts Schlimmeres, dann sollten Sie ein solches Gras meiden oder sich darauf einstellen, die Blütenstände abzuschneiden, bevor die Samen ausreifen.

Gefällt Ihnen der gegenwärtige Trend zu einem weniger formalen, natürlicheren Pflanzstil, so kombinieren Sie Ziergräser mit sorgsam gewählten Stauden zu einem Garten, der die Zufälligkeit und die Duplikation einer natürlichen Umgebung, etwa einer Prärie, in zurückhaltenderem Maßstab imitiert.

Die Wiese ist eine weitere Möglichkeit, Gräser auf naturnahe Weise zu ziehen, doch ist sie längst nicht das Richtige für jedermann. Wo Sie die Schönheit der verschiedenen Gräser sehen und sich über die ökologisch sinnvolle Vielfalt freuen, erkennt Ihr Nachbar vielleicht nichts als einen Flecken aufgeschossenen Unkrauts. Fassen Sie jedoch die einzelnen Arten zu Gruppen zusammen und lockern Sie das Bild mit einigen bekannten und doch pflegeleichten Blütenstauden auf, so haben Sie eine artenreiche Pflanzung geschaffen, die keinen großen Aufwand erfordert und von „Nicht-Kennern" dennoch als schön empfunden wird.

Der wirklich kritische erste Schritt bei der Wahl eines pflegeleichten Grases ist die korrekte Einschätzung der jeweiligen Standortbedingungen. Wird ein Feuchtigkeit liebendes Gras in kargen sandigen Boden gesetzt oder ein Sonnenkind in den Schatten, so ist das Ergebnis ein schwächlicher, krankheitsanfälliger Austrieb, der mehr Probleme verursacht, als er wert ist.

Rechts: Die pflegeleichten Pampasgräser zählen zu den ausgefallensten Schönheiten unter den Ziergräsern – hier im Bild die hohe Sorte *Cortaderia selloana* 'Aureolineata' sowie die Zwergform 'Pumila'.

Das Reitgras *Calamagrostis foliosa* brennt ein unübersehbares Feuerwerk ab, dem auch das Heiligenkraut *(Santolina)* und der Lavendel in diesem überschwänglichen Garten nicht die Schau stehlen.

Ein Gras jedoch, dem das Klima, der Sonneneinfall, der Boden und die jahreszeitlich schwankenden Regenfälle entgegenkommen, wird mit minimalem Aufwand Ihrerseits wachsen und gedeihen.

Wollen Sie ein Gras ziehen, das mehr Feuchtigkeit benötigt, als der Regen bietet, so sollten Sie den Einbau von Tropfschläuchen in Betracht ziehen. Das System zu installieren und zum rechten Zeitpunkt einzusetzen erfordert natürlich mehr Aufwand als gar nicht zu wässern, doch es ist wesentlich schneller geschehen als ständiges Gießen per Hand. Eine schützende Mulchdecke verringert sowohl den Gießaufwand als auch die Notwendigkeit zu jäten, da zum einen weniger Wasser verdunstet und zum anderen Unkrautsamen nicht das zum Keimen notwendige Licht erhalten.

Wollen Sie Ihre Gräser nicht allzu häufig teilen, so seien Sie sparsam mit Gießwasser und Dünger und lassen den Pflanzen von vornherein so viel Platz, dass sie und ihre Begleiter sich nicht stören.

Miscanthus sinensis 'Strictus'

Miscanthus transmorrisonensis

Muhlenbergia rigens

Besonders empfehlenswert

Pflegeleicht

Calamagrostis brachytricha
Diamantgras
60 cm hoher Horst aufrechter bis überhängender, glänzend grüner Blätter, gelblich im Herbst; im Spätsommer/Frühherbst fedrige, silbrig-rosige Blütenwedel auf 120 cm hohen Halmen, die zu Hellbraun verblassen und bis in den Winter halten. Volle Sonne (auf feuchtem Boden) bis Halbschatten; anpassungsfähig. Sehr winterhart.

Hakonechloa macra
Hakone-Gras
30–60 cm hoher loser, langsam breiter werdender Busch weit überhängender, glänzend grüner Blätter; kupfrige Herbstfarbe; im Spätsommer/Frühherbst zarte grünliche bis hellbraune, eher unauffällige Blütenrispen. Auf feuchtem Boden auch Sonne, besser im Halbschatten; frischen, durchlässigen, humosen Boden. Sehr winterhart.

***Miscanthus sinensis* 'Strictus'**
Stachelschweingras
120–180 cm hoher straff aufrechter grüner Halmbusch mit hellgelben Querstreifen, zum Winter ganz hellbraun; im Frühherbst rötlich-braune Blütenpinsel auf 180–240 cm hohen Halmen. Wesentlich standfester als das ähnliche Zebragras *(M.s.* 'Zebrinus'). Volle Sonne bis lichten Schatten; normalen bis frischen Boden. Sehr winterhart.

Miscanthus transmorrisonensis
Immergrünes Chinaschilf
90–120 cm hoher dichter Horst überhängender, schmaler grüner Blätter, die in relativ wintermilden Gebieten immergrün sind; pinselartige rötlich-braune, zu Hellbraun übergehende Blütenstände auf 120–180 cm hohen Halmen in milden Regionen bereits im Spätfrühling, in kälteren Regionen in der zweiten Sommerhälfte. Volle Sonne bis leichten Schatten; anpassungsfähig, bevorzugt jedoch frischen, nahrhaften Boden. Winterhart bis mäßig winterhart.

Muhlenbergia rigens
60–90 cm hoher immergrüner Horst borstiger, gräulich-grüner Blätter; schmale, silbrige Blütenrispen zur Sommermitte, die sich hellbraun färben und bis weit in den Winter halten. Volle Sonne bis lichten Schatten; bevorzugt fruchtbaren, frischen, durchlässigen Boden, ist eingewachsen, jedoch trockenresistent. Bedingt winterhart.

Ein pflegeleichter Garten

Wie viel Zeit würden Sie in eine solch hübsche Zusammenstellung wie diese beim Weingut Kistler in Forestville, Kalifornien, investieren wollen? Wie wäre es mit ein oder zwei Stunden pro Jahr? Ziergräser gehören zu den besten Investitionen: Sie sehen beinahe rund ums Jahr hervorragend aus, sind innerhalb von Minuten auf Vordermann gebracht und erfordern nur einen Rückschnitt pro Jahr.

Im Mittelpunkt dieses Gartens stehen zwei pflegeleichte Stauden – rosa Elfenspiegel *(Diascia* sp.) und rosa-weißer Karvinskis Feinstrahl *(Erigeron karvinskianus)*. Beide gedeihen hervorragend auf durchlässigem Boden sowie im Steingarten und lassen sich mit Blaustrahlhafer *(Helictotrichon sempervirens)* und Immergrünem Chinaschilf *(Miscanthus transmorrisonensis)* zu einer herrlichen arbeitssparenden Pflanzung kombinieren. Elfenspiegel ist in winterkalten Regionen einjährig; die mehrjährige Prachtkerze *(Gaura lindheimeri)*, die sich durch eine sehr lange Blütezeit auszeichnet, wäre ein schöner Ersatz.

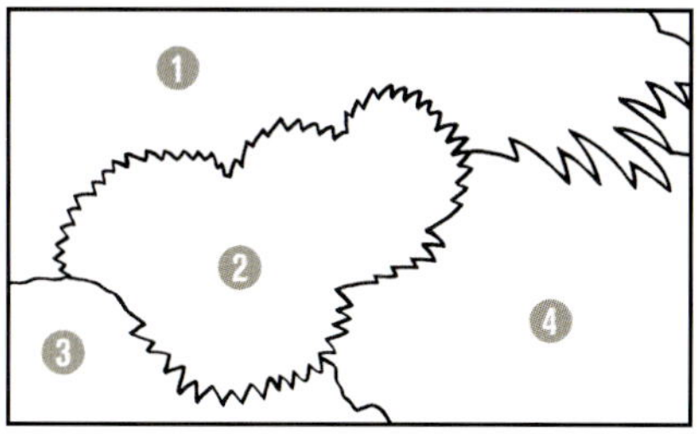

1. *Miscanthus transmorrisonensis* (Immergrünes Chinaschilf)
2. *Helictotrichon sempervirens* (Blaustrahlhafer)
3. *Diascia* sp. (Elfenspiegel)
4. *Erigeron karvinskianus* (Karvinskis Feinstrahl)

KLIMAZONEN IN EUROPA

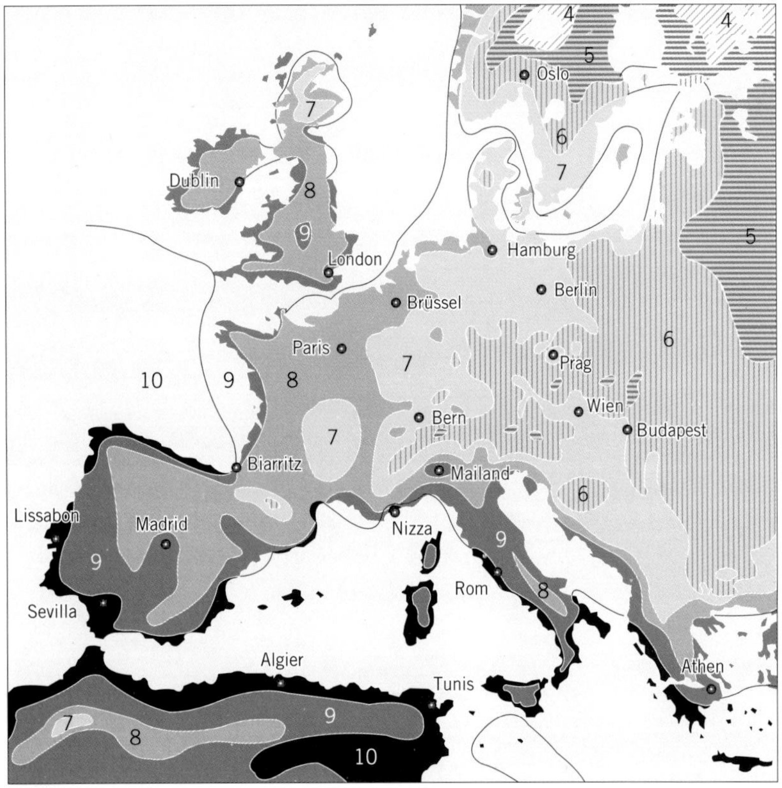

Klimazonen	Durchschnittliche Mindesttemperatur
10	- 1 bis + 4 °C
9	- 7 bis - 1 °C
8	- 12 bis - 7 °C
7	- 18 bis - 12 °C
6	- 23 bis - 18 °C
5	- 29 bis - 23 °C
4	- 34 bis - 29 °C

Auf den folgenden Seiten sind Gräser nach gewissen nützlichen Gesichtspunkten aufgelistet, darunter Farbkombinationen, Pflanzplatz und Problemlösungen. Diese Listen sind eine Ergänzung zu den Beschreibungen und Fotos empfehlenswerter Gräser, die sich im Hauptteil des Buches finden. Dort näher beschriebene Gräser sind mit einem Sternchen (*) gekennzeichnet.

EIN GRAS FÜR JEDEN ZWECK

Gold- und Bronzefarbene Gräser

- *Acorus gramineus* 'Ogon'
- *Alopecurus pratensis* 'Variegatus'
- *Bromus inermis* 'Skinner's Gold'
- *Carex comans* 'Bronze' *
- *Carex elata* 'Aurea' *
- *Deschampsia flexuosa* 'Aurea' *
- *Festuca glauca* 'Golden Toupee'
- *Hakonechloa macra* 'Aureola' *
- *Liriope muscari* 'PeeDee Ingot' *
- *Luzula sylvatica* 'Aurea'
- *Milium effusum* 'Aureum'
- *Pleioblastus viridistriatus* *

Blaue und Graue Gräser

- *Carex flacca*
- *Festuca amethystina* 'Superba'
- *Festuca glauca* *
- *Festuca idahoensis* 'Siskiyou Blue'
- *Helictotrichon sempervirens* *
- *Juncus patens* *
- *Koeleria glauca* *
- *Leymus condensatus* 'Canyon Prince'
- *Leymus racemosus*
- *Panicum virgatum* 'Cloud Nine' *
- *Panicum virgatum* 'Dallas Blues'
- *Schizachyrium scoparium* 'The Blues' *
- *Sorghastrum nutans* 'Sioux Blue' *

Dunkellaubige Gräser

- *Imperata cylindrica* var. *koenigii* 'Red Baron' *
- *Ophiopogon planiscapus* 'Nigrescens'
- *Panicum virgatum* 'Shenandoah'
- *Pennisetum* 'Burgundy Giant' *
- *Pennisetum setaceum* 'Rubrum' *
- *Phormium tenax* 'Rubrum'
- *Saccharum officinarum* 'Pele's Smoke' *
- *Uncinia rubra* *

Gestreifte Gräser

- *Acorus gramineus* 'Ogon' *
- *Alopecurus pratensis* 'Variegatus'
- *Arrhenatherum elatius* ssp. *bulbosum* 'Variegatum'
- *Arundo donax* 'Variegata'
- *Calamagrostis* x *acutiflora* 'Overdam'
- *Carex morrowii* 'Variegata' *
- *Carex phyllocephala* 'Sparkler' *
- *Cortaderia selloana* 'Silver Comet'
- *Deschampsia cespitosa*
- *Glyceria maxima* 'Variegata'
- *Hakonechloa macra* 'Aureola'
- *Miscanthus sinensis* 'Strictus' *
- *Miscanthus sinensis* var. *condensatus* 'Cosmopolitan' *
- *Phalaris arundinacea* 'Dwarf Garters' *
- *Pleioblastus viridistriatus*
- *Setaria palmifolia* 'Variegata'

Phormium 'Sea Jade'

Miscanthus spp. und *Pennisetum* spp.

Farbverwendung

- *Alopecurus pratensis* 'Variegatus' *
- *Carex elata* 'Aurea' *
- *Elegia capensis*
- *Eragrostis spectabilis* *
- *Festuca amethystina* 'Superba'
- *Imperata cylindrica* var. *koenigii* 'Red Baron' *
- *Panicum virgatum* 'Shenandoah'
- *Pennisetum alopecuroides* 'Moudry' *
- *Pennisetum setaceum* 'Rubrum' *
- *Phormium tenax* *
- *Schizachyrium scoparium* 'The Blues' *
- *Themeda japonica* *

Vorgärten

- *Calamagrostis* x *acutiflora* 'Karl Foerster' *
- *Calamagrostis brachytricha*
- *Carex dolichostachya* 'Kaga Nishiki'
- *Cortaderia selloana* 'Pumila' *
- *Elymus magellanicus*
- *Festuca glauca* 'Elijah Blue' *
- *Hakonechloa macra* 'Aureola'
- *Helictotrichon sempervirens*
- *Imperata cylindrica* var. *koenigii* 'Red Baron' *
- *Miscanthus sinensis* 'Adagio' *
- *Molinia caerulea* 'Variegata'
- *Pennisetum alopecuroides* 'Hameln' *
- *Stipa* spp.

Beete und Rabatten

- *Achnatherum calamagrostis*
- *Arrhenatherum elatius* ssp. *bulbosum* 'Variegatum'
- *Calamagrostis* x *acutiflora* 'Overdam'
- *Carex* spp., einschließlich *Carex dolichostachya* 'Kaga Nishiki' *
- *Cortaderia selloana* 'Pumila'
- *Elymus magellanicus* *
- *Festuca glauca*
- *Festuca idahoensis* 'Siskiyou Blue' *
- *Hakonechloa macra* 'Aureola'
- *Helictotrichon sempervirens*
- *Milium effusum* 'Aureum'
- *Miscanthus sinensis* 'Morning Light'
- *Miscanthus sinensis* 'Gracillimus' *
- *Molinia caerulea* 'Variegata'
- *Pennisetum alopecuroides*
- *Stipa* spp.

Rosenbegleiter

- *Carex oshimensis* 'Evergold' *
- *Cortaderia* spp., einschließlich *C. selloana* 'Monvin' *
- *Cymbopogon citratus* *
- *Festuca amethystina* 'Superba' *
- *Miscanthus sinensis* 'Variegatus' *

Panicum virgatum 'Heavy Metal'

Wegränder

- *Briza media*
- *Carex morrowii* 'Variegata'
- *Carex muskingumensis* 'Oehme'
- *Carex tumulicola* *
- *Deschampsia cespitosa* 'Fairy's Joke' *
- *Festuca amethystina* *
- *Hakonechloa macra*
- *Lagurus ovatus* *
- *Luzula* spp., einschließlich *L. sylvatica* *
- *Ophiopogon* spp.
- *Pennisetum* spp.
- *Phalaris arundinacea* 'Dwarf Garters'
- *Sporobolus heterolepis*

Schalen und Container

- *Bromus inermis* 'Skinner's Gold' *
- *Carex phyllocephala* 'Sparkler'
- *Chasmanthium latifolium*
- *Cyperus papyrus* *
- *Imperata cylindrica* var. *koenigii* 'Red Baron'
- *Isolepis cernua* *
- *Juncus effusus* 'Spiralis'
- *Leymus arenarius* *
- *Miscanthus sinensis*
- *Muhlenbergia dumosa*
- *Nassella tenuissima*
- *Ophiopogon planiscapus* 'Nigrescens' *
- *Pennisetum* spp.
- *Phormium cookianum* 'Flamingo'
- *Pleioblastus viridistriatus* *
- *Saccharum officinale* 'Pele's Smoke'
- *Stenotaphrum secundatum* 'Variegatum'

Akzentpflanzen

- *Carex elata* 'Aurea'
- *Carex muskingumensis* 'Oehme' *
- *Cortaderia selloana* *
- *Elegia capensis* *
- *Fargesia nitida* *
- *Helictotrichon sempervirens*
- *Miscanthus sinensis* 'Gracillimus'
- *Molinia caerulea* subsp. *arundinacea* 'Skyracer'
- *Muhlenbergia* spp.
- *Panicum virgatum* 'Heavy Metal' *
- *Pennisetum setaceum* 'Rubrum'
- *Phyllostachys nigra*
- *Saccharum ravennae*
- *Spodiopogon sibiricus*
- *Stipa gigantea* *

Miscanthus sinensis 'Silberfeder'

Auf engem Raum
Acorus gramineus 'Pusillus' *
Arrhenatherum elatius var. *bulbosum* 'Variegatum'
Carex 'The Beatles'
Carex conica 'Snowline' *
Carex muskingumensis 'Oehme'
Festuca glauca
Hakonechloa macra 'Aureola'
Imperata cylindrica var. *koenigii* 'Red Baron'
Juncus effusus 'Spiralis'
Luzula spp.
Molinia caerulea 'Variegata' *
Ophiopogon japonicus 'Nana' *
Pennisetum alopecuroides 'Little Bunny' *
Sesleria spp.

Wassergärten
Acorus spp.
Arundo donax
Carex elata 'Aurea'
Cyperus papyrus
Eriophorum spp.
Equisetum hyemale *
Glyceria maxima 'Variegata' *
Isolepis cernua
Juncus spp., einschließlich *Juncus effusus* 'Unicorn' *
Schoenoplectus lacustris ssp. *tabernaemontani* 'Zebrinus' *
Scirpus spp.
Spartina pectinata
Typha latifolia 'Variegata' *

Herbstfarben
Andropogon spp. *
Anemanthele lessoniana *
Bouteloua curtipendula
Miscanthus 'Purpurascens'
Miscanthus sinensis *
Molinia caerulea ssp. *arundinacea* *
Panicum virgatum *
Pennisetum alopecuroides
Saccharum contortum
Schizachyrium scoparium
Sorghastrum nutans
Spartina pectinata
Spodiopogon sibiricus *
Themeda japonica

Heiße, trockene Lagen

Achnatherum hymenoides *
Andropogon ternarius
Bouteloua gracilis *
Eragrostis curvula
Festuca glauca
Helictotrichon sempervirens
Koeleria macrantha
Muhlenbergia capillaris *
Schizachyrium scoparium *
Sorghastrum nutans *
Sporobolus heterolepis

Schattengräser

Arrhenatherum elatius ssp. *bulbosum* 'Variegatum' *
Carex spp., einschließlich *C. siderosticha* 'Variegata' *
Chasmanthium latifolium *
Deschampsia flexuosa *
Hakonechloa macra
Hystrix patula *
Luzula nivea *
Milium effusum 'Aureum' *
Sasa veitchii
Sesleria autumnalis
Spodiopogon sibiricus

Feuchte Böden

Achnatherum calamagrostis
Acorus calamus *
Andropogon glomeratus
Arundo donax
Calamagrostis x *acutiflora* 'Karl Foerster'
Carex grayi *
Carex muskingumensis
Eriophorum angustifolium *
Juncus effusus, einschließlich 'Carman's Japanese' *
Miscanthus sinensis
Phalaris arundinacea 'Picta' *
Spartina pectinata 'Aureomarginata' *
Typha spp.

Hecken und Grenzen

Andropogon gerardii
Arundo donax *
Calamagrostis x *acutiflora* 'Karl Foerster'
Cortaderia selloana
Fargesia spp.
Miscanthus 'Giganteus' *
Miscanthus transmorrisonensis
Panicum virgatum 'Dallas Blues' *
Phyllostachys nigra
Saccharum contortum *
Saccharum ravennae *
Sorghastrum nutans 'Sioux Blue'

Sporobolus heterolepis

Hänge
Calamagrostis foliosa *
Carex flagellifera
Carex siderosticha 'Variegata' *
Chasmanthium latifolium
Eragrostis curvula *
Festuca glauca
Festuca mairei *
Hakonechloa macra
Leymus arenarius
Leymus racemosus *
Muhlenbergia rigens
Nassella tenuissima *
Pennisetum spp.
Phalaris arundinacea 'Picta'
Pleioblastus viridistriatus

Bodendecker
Carex flacca
Carex siderosticha 'Variegata'
Deschampsia cespitosa *
Eragrostis curvula *
Hakonechloa macra
Helictotrichon sempervirens
Imperata cylindrica var. *koenigii* 'Red Baron'
Leymus spp.
Luzula sylvatica
Pennisetum spp.
Phalaris arundinacea 'Picta'
Sasa veitchii *
Sesleria caerulea *
Sporobolus heterolepis *

Pflegeleicht
Calamagrostis brachytricha *
Calamagrostis x *acutiflora* 'Karl Foerster'
Carex dolichostachya 'Kaga Nishiki'
Cortaderia selloana
Fargesia spp.
Hakonechloa macra *
Imperata cylindrica var. *koenigii* 'Red Baron'
Luzula nivea
Miscanthus sinensis 'Strictus' *
Miscanthus transmorrisonensis *
Muhlenbergia lindheimeri
Muhlenbergia rigens *
Saccharum ravennae
Sesleria spp.

Pennisetum spp.

Helictotrichon sempervirens

Cortaderia selloana 'Pumila'

ÖFFENTLICHE UND PRIVATE GÄRTEN, GARTENGESTALTUNG

Dieser Garten von Richard McPherson in Los Altos, Kalifornien, ist wohl mein liebster. Es mag prächtigere oder buntere oder dramatischere geben, doch speziell in diesem finde ich Zufriedenheit und Behaglichkeit. Wer würde hier nicht gerne auf einer Bank sitzen und den Vögeln auf der Wiese zuschauen und den hohen Grasblüten, die in der Sonne tanzen? Wann immer ich dorthin komme, zieht es mich zu dieser von Menschenhand geschaffenen Wiese – Gras in seiner schönsten Verwendung.

— SAXON HOLT

Der Fotograf dankt all den Verwaltern öffentlicher Gärten und Parkanlagen, die ihn so herzlich willkommen hießen: Bob Lilly und Bellevue Botanic Garden, Seattle, Washington; Boerner Botanical Gardens, Hales Corners, Wisconsin; Chris Woods und Chanticleer Garden, Wayne, Pennsylvania; Dennis Wildnauer und Cornerstone Gardens, Germansville, Pennsylvania; Sarah Duke Gardens, Durham, North Carolina; Filoli Garden, Woodside, Kalifornien; Heronswood Nursery, Kingston, Washington; Limerock Ornamental Grasses, State College, Pennsylvania; Longwood Gardens, Kennett Square, Pennsylvania; Meadowbrook Farm Nursery, Meadowbrook, Pennsylvania; Richard Hartledge und Elisabeth C. Miller Botanical Garden, Seattle, Washington; Minnesota Landscape Arboretum, Minneapolis, Minnesota; Nancy Goodwin und Montrose Garden, Hillsborough, North Carolina; Noerenberg Park, Minnetonka, Minnesota; Tony Avent und Plant Delights Nursery, Raleigh, North Carolina; Edith Eddleman und J. C. Raulston Arboretum, Raleigh, North Carolina; Scott Arboretum, Swarthmore, Pennsylvania; Strybing Arboretum, San Francisco, Kalifornien; und Western Hills Nursery, Occidental, Kalifornien.

Ganz besonderer Dank gebührt außerdem Steven Antonow; Dan Boroff; Linda Cochran; Marcia Donohue; Paul und Kay Fireman; Jenny und Scott Fleming; Heidi Freestone; Keith Geller; Dr. und Mrs. Roger Greenberg; Bob Hornback (Entwurf) und Kistler Winery, Forestville, Kalifornien; Jenny Hunt; John und Glennis Jones; Ron Lutsko (Entwurf); Richard McPherson (Entwurf); Sharon Osmund; Michael Petrie; Suzanne Porter (Entwurf); Roger Raiche; Gary Ratway (Entwurf) und Matanzas Creek Winery, Santa Rosa, Kalifornien; Mary und Lew Reid; Freeland Tanner (Entwurf); und Brandon Tyson (Entwurf).

Und zu guter Letzt: Danke, Flora!

Anmerkung: Die botanische Namensgebung wird laufend korrigiert und überarbeitet; für dieses Buch ist sie überwiegend aus Rick Darke, *The Color Encyclopedia of Ornamental Grasses* (Portland, Oreg.: Timber Press, 1999), übernommen. Deutsche Art- und Sortennamen sind, soweit möglich, aus Karl Foerster, *Einzug der Gräser und Farne in die Gärten* (Stuttgart: Ulmer, 1978), übernommen. Ziffern in *Kursivschrift* verweisen auf Illustrationen und Fotos; Ziffern in **Fettdruck** beziehen sich auf die Listen im Kapitel „Ein Gras für jeden Zweck".

REGISTER

LIEFERANTENHINWEISE

Die unten aufgeführten Firmen betreiben den Handel mit Zier- und Staudengräsern zumeist über das Internet. Im Folgenden finden Sie die Adressen und websites angegeben. Wenn Sie eine spezielle Pflanze suchen, hat es sich oft bewährt, diesen Begriff direkt in eine internationale Suchmaschine einzugeben.

Daneben empfiehlt es sich, die in Gartenzeitschriften „umsonst" oder mit geringer Schutzgebühr angebotenen Kataloge zu konsultieren: Dort ist zwar keine Riesenauswahl an Gräsern zu erwarten, aber für den Start ist die Sortierung als ausreichend zu bezeichnen.

Außerdem ist geraten, sämtliche Gärtnereien Ihrer Umgebung oder einen Galabau-Betrieb zu befragen: viele nehmen Ihre Bestellung gerne auf. Dabei gibt es große jahreszeitliche Unterschiede zwischen dem Frühjahrs- und Herbstsortiment.

Und immer gilt der Tipp, bei den Nachbarn nach der Herkunft zu fragen, wenn man ein interessantes Objekt gesichtet hat.

Bambus-Centrum Deutschland
Baumschule Ebert
Saarstraße 3-5, D-76532 Baden-Baden
Tel. 07221-50740
Fax 07221-507480
www.bambus.de

Fa. C. Esveld
Rijneveld 72, NL-2771 XS Boskoop
Tel. 0031172-213289
Fax 0031172-215714
www.esveld.nl

Jelitto Staudensamen GmbH
Postfach 1264, D-29685 Schwarmstedt
Tel. 05071-98290
Fax 05071-982927
www.jelitto.com

www.sandemanseeds.com
Onlinehändler:
Gute Auswahl an Saatgut

Stauden Junge
Matthias Großmann
Seeangerweg 1, D-31787 Hameln
Tel. 05151-3470
Fax 05151-924345
www.bluetenblatt.de

Staudenkulturen Kemper
Einener Dorfbauernschaft 42, D-48231 Warendorf-Einen
Tel. 02584-517
Fax 02584-8148
www.staudenkulturen.de

Staudenkulturen Stade
Beckenstrang 24, D-46325 Borken-Marbeck
Tel. 02861-2604
Fax 02861-65136
www.stauden-stade.de
Gute Abfragemöglichkeit der Standortbedingungen